現代数学への入門　新装版

# 力学と微分方程式

現代数学への入門　新装版

# 力学と微分方程式

高橋陽一郎

岩波書店

# まえがき

本書はもともと岩波講座『現代数学への入門』の1分冊「力学と微分方程式」として刊行されたものである．本シリーズの『微分と積分1, 2』『複素関数入門』に引き続いて，17世紀のニュートンやライプニッツに始まる「無限小解析(infinitesimal calculus)」とその延長線上にある解析の世界を紹介する．やさしく基本的なものを，基本的であることを明確にしながら，理解しやすく記述することの難しさを，2冊目の執筆を始めてから，より強く感じるようになった.

常微分方程式とその周辺は，すでに300年以上の歴史をもち，ほとんどすべての数学に共通の基礎であると同時に，広い応用範囲をもち，自然科学や工学では深く浸透して日常的に使われている．先日，ある生物物理系の実験家に会ったときの笑い話を紹介しておこう.

その人の講演発表の前に雑談をしていると，「私の分野では数学は必要ないですから….」ところが，発表の中では，実験結果を，微分方程式を用いたモデルを使って解析している．後で矛盾を指摘したところ，「ああ，微分方程式は数学でしたね.」

この本の弱点は，あの美しい『複素関数入門』に続く微分方程式の世界にほとんどまったく触れていないことである．その代わりに，題名の示すように，力学(mechanics，古典力学，解析力学)に関連する変分法，そして，(力学と関係はするが，独立の数学である)力学系(dynamical system)の視点の2つに触れることにした．ただし，重要であるが，数学的準備が必要な部分は割愛して，その代わりに，典型的な例を取り上げて，具体的な計算をすべて見せることにした．読者が将来，より本格的に学ぶ際に，「あの例を一般化，深化させたものが，この定理であったのか」などと思い出してもらえれば幸いである.

最後に，多忙の中で原稿に目を通してくださった編集委員の神保道夫氏，および，岩波書店編集部の方々に感謝の意を表したい.

2003 年 12 月

高橋 陽一郎

# 学習の手引き

まえがきにも述べたように，微分方程式の概念は17世紀に微分と積分とともに誕生した．あるいは，古典力学とともに誕生したといってもよい．また，変分法も時をおかずに産声をあげた．そして，これらの解析学は，一方で自然界のさまざまな現象を記述し解明する手段として研究され，他方で，当然のことながら，数学自身の対象として深化，発展を遂げてきており，とくに20世紀の後半に入って，無限次元の世界での微分積分学という視点から，大きな展開を見せることになる．

微分方程式や変分法，(複素)関数論，フーリエ級数などは古典解析学と総称されていて，現代数学の共通の基礎であるとともに，自然科学や工学のあらゆる分野で常識として頻繁に利用される諸手法を提供している．

この本は，そのような常微分方程式とその周辺の世界を紹介し，やさしくて基本的な概念や考え方，手法を学ぶことを目的として，微分積分の基礎と線形代数の初歩(本シリーズの『微分と積分2』程度)を学んだ読者が読み始められ，必要に応じてより高級な微分積分や線形代数，複素関数論の知識を補えば，読了できるように書かれている．

この本の第1章と第2章では，伝統的な常微分方程式論のごく基本的な事項を扱う．

第1章では，常微分方程式とその初期値問題の定義を与え，その解の意味を，歴史的にも重要な力学，曲線族，関数の3つの視点から考える．また，簡単に求められる解法の例にも触れるが，初期値問題の解の存在と一意性に関する定理は解説にとどめ，その証明は付録で与える．

第2章の主題は線形性である．§2.1では，線形代数の知識を仮定せずに，単独高階斉次定数係数線形常微分方程式(なんと長い正式呼称だろうか！ 単独＋高階＋斉次＋定数係数＋線形＋(常＋微分方程式)である)を具体的に解き，§2.2では，応用上も大切な線形差分方程式を扱い，ベクトル空間の考え方にも親しむことを期待している．(一方で，ベクトル空間に馴染んだ読者にとっては，まどろこしい記述かもしれない．そのときは，§2.4に先に目を通し，基底を見つければ事が終わることを確認してから，§2.1, 2.2の記述を拾い読みしてほしい．) §2.3は，非斉次の場合を系統的に解く方法(演算子法)を説明する．§2.4では,「重ね合わせの原理」を一般的に扱う．ここでの記述を難しいと感じた読者はベクトル空間についてもう一度勉強してほしい．§2.5では，$\mathbb{R}^n$で正規形の定数係数線形常微分方程式を解き，また，行列の指数関数の意味を考える．交換子積等にも触れ，リー環等を勉強する際に手助けになることを期した．

第3章では，線形でない場合にも適用できる考え方を学ぶ．§3.1では，力学系という視点を導入し，常微分方程式との対応関係，1階の偏微分方程式との関係やベクトル場の発散の意味などを調べる．§3.2では，勾配系と呼ばれるクラスの微分方程式を考える．これを理解するには，山や谷や湖のある地形を流れる雨水を思い浮かべれば十分である．また，リャプノフ関数は，湖のまわりの等高線と考えて誤ることはない．§3.3では，力学ではよく知られたハミルトン系を考え，平面の場合にその不動点の様子を調べる．一般に，第1積分が数多く見つかれば，それだけ自由度の低い系を調べれば十分なことになる．最後の§3.4では，全微分方程式と積分因子の概念に触れ，ベクトル場をスカラー倍することは，力学系の時計を変えることに相当することを確かめる．

力学系は流れとも呼ばれ，1900年前後にポアンカレによりはじめて明確にされたが，ようやく1970年頃から広く知られるようになった新しい視点である．次の第4章以下でも随時考えるが，これまでの微分積分の世界の中にやや異質のソフトな視点を提供したものである．この種のものは，一度理解すればきわめてやさしく基本的であることがわかるものであり，最初は理解しにくいと感じる読者も，頭を柔軟にして一度学んでから時間をおけば，やがて自然なものに見えてくることと思う．

第4章では，線形方程式の(不動点0の)安定性の問題(§4.1)を調べ，§4.2

では，これを利用して線形化方程式を調べることにより，一般の方程式の不動点の解析の方法を学ぶ．線形化方程式(変分方程式ともいう)とは，微分方程式としての“微分”である．さらに，§4.3では，極限周期軌道を例示し，力学系に関する最初の理論の1つとして有名な，平面(あるいは球面)上の力学系に対するポアンカレとベンディクソンの定理の話を紹介し，§4.4では，構造安定性と分岐に関する例を与えて解説する．

第3章と第4章には隠れた主題がある．線形の方程式は第2章で述べるように一般論があるが，線形でない場合には一般的に解く方法はない．どう工夫しても厳密解(exact solution)が得られないときに，われわれはどうすればよいのだろうか？

物理などで伝統的にしばしば用いられるのは，摂動法である．その根拠は解のパラメータに関する滑らかな(あるいは解析的な)依存性(第1章の定理1.28)にある．この方法では，きわめて好運ならば収束する摂動展開が得られ，ほどほどに好運ならば得られた漸近展開(必ずしも収束するとは限らない，形式的に得られた順次より高次の項からなる展開)に意味づけができる．

おそらく現在(純粋数学の研究を除けば)最もよく用いられる解決法は，厳密さ(rigor)は一歩譲ることにして，コンピュータを利用するなどして数値的に解いてみることであろう．それで一応満足できる結果が得られる問題も多いが，少なくとも2つの不安を指摘できる．

1つは，例えば$f(x)=\log x$を電卓を用いて$x=1000$から$x=1000000$まで求め，$f(x)$は有界関数であると結論してしまうたぐいの落とし穴で，コンピュータによる計算誤差の宿命である．もう1つは，第4章で触れた安定性とも関連して，例えば，平面上の微分方程式の解を計算して，ある時刻に誤差0.001%で出発点に戻ってきたとき，それが周期点である(または，その近くに周期点がある)かどうかを判定する際などに生じる．ここでは数値計算のみに頼る限り誤差の大きさの問題ではなく，周期点が実在しているかどうかの問題である．このようなとき，ポアンカレ–ベンディクソンの定理のように，定量的にはわからなくても定性的には十分な情報を与える理論は有効である．

第5章では，変分法の世界を例を中心に紹介する．§5.1では，古典的で代表的な変分問題を提示し，それらが汎関数(“関数の関数”)の極値問題であること，そして，汎関数については連続であっても必ずしも最大値の定理は成り立たないことを学ぶ．次の§5.2で，汎関数の微分，すなわち，変分の概念を導入して，臨界点がみたすべき条件であるオイラー–ラグランジュ方程式を導く．この際，変分学の基本定理とも呼ばれるデュボア・レイモンの補題が鍵となる．§5.3では，曲面上の最短線の問題から測地線の方程式の意味を説明し，例として上半平面モデルと呼ばれる非ユークリッド幾何の場合の測地線を求め，平行線が無数にあることを確認する．そして，§5.4で，この測地線の定める測地流と測地線の安定性について調べる．

変分についても，偏微分(あるいは，より一般に，方向微分)と(全)微分とに相当する区別があり，また，高階の微分に相当するものもあるが，この本では，方向微分に当たるガトー(Gâteaux)微分の意味での変分に話を限定する．(全)微分に当たるフレッシェ(Fréchet)微分および2次以上の変分に関しては，もう少しレベルの高い教科書を見ていただきたい．

第6章では，変分法の中でも重要な位置を占める解析力学に関して，ハミルトン形式とラグランジュ形式の同等性，および，作用量(積分)の意味とハミルトン–ヤコビ方程式に的を絞って，その基礎の一部を紹介する．この本では触れないが，この方程式は1階の(非線形)偏微分方程式であり，これを解くこととハミルトン方程式を解くことは同等である(ヤコビの方法と呼ばれる求積法)．

この本の以上のような内容を理解すれば，視野に入ってくる数学の範囲も，アタックできる数学的な対象は急速に広がるはずである．

ただし，ことわっておくべきことがある．この本では，「方程式を導出すること」について，本来は重要なことであるが，筆者の力量では触れる余裕がなかった．現実の新しい数理的な諸問題に直面したときには，方程式が立てられれば，通常，問題の3分の2は解決したといえる．

# 目　　次

数学記号

| | |
|---|---|
| $\mathbb{N}$ | 自然数の全体 |
| $\mathbb{Z}$ | 整数の全体 |
| $\mathbb{Q}$ | 有理数の全体 |
| $\mathbb{R}$ | 実数の全体 |
| $\mathbb{C}$ | 複素数の全体 |

ギリシャ文字

| 大文字 | 小文字 | 読み方 |
|---|---|---|
| $A$ | $\alpha$ | アルファ |
| $B$ | $\beta$ | ベータ （ビータ） |
| $\Gamma$ | $\gamma$ | ガンマ |
| $\Delta$ | $\delta$ | デルタ |
| $E$ | $\epsilon$, $\varepsilon$ | エプシロン （イプシロン） |
| $Z$ | $\zeta$ | ゼータ　ジータ |
| $H$ | $\eta$ | エータ　イータ |
| $\Theta$ | $\theta$, $\vartheta$ | テータ　シータ |
| $I$ | $\iota$ | イオタ |
| $K$ | $\kappa$ | カッパ |
| $\Lambda$ | $\lambda$ | ラムダ |
| $M$ | $\mu$ | ミュー |
| $N$ | $\nu$ | ニュー |
| $\Xi$ | $\xi$ | クシー　グザイ |
| $O$ | $o$ | オミクロン |
| $\Pi$ | $\pi$, $\varpi$ | （ピー）　パイ |
| $P$ | $\rho$, $\varrho$ | ロー |
| $\Sigma$ | $\sigma$, $\varsigma$ | シグマ |
| $T$ | $\tau$ | タウ （トー） |
| $\Upsilon$ | $\upsilon$ | ユプシロン |
| $\Phi$ | $\phi$, $\varphi$ | （フィー）　ファイ |
| $X$ | $\chi$ | （キー）　カイ |
| $\Psi$ | $\psi$ | プシー　プサイ |
| $\Omega$ | $\omega$ | オメガ |

# 1 微分方程式とその解

微分方程式は微分積分の概念とともに，ニュートンによる古典力学における運動方程式や，ほぼ同時代のライプニッツたちの曲線の研究の中から誕生してきた．この章では，常微分方程式とその解の概念に定義を与え，その意味を理解し，簡単な場合に微分方程式を解いてみる．最後に，初等関数を微分方程式により特徴づける．なお，初期値問題の解の存在および一意性については定理の意味の理解を最優先し，その証明は付録で与える．

## §1.1　古典力学と微分方程式

ある関数 $F(t,x_1,x_2,\cdots,x_{p+1})$ が与えられたとき，未知関数 $x(t)$ に対する関係式

$$F\Big(t,x(t),\frac{dx}{dt}(t),\cdots,\frac{d^px}{dt^p}(t)\Big)=0 \tag{1.1}$$

を**常微分方程式**(ordinary differential equation)，自然数 $p$ をその**階数**(order)という．また，$p$ 回微分可能な関数 $x(t)$ が(1.1)をみたすとき，$x(t)$ はこの常微分方程式(1.1)の**解**(solution)であるという．

例えば，

$$\frac{dx}{dt}=x, \tag{1.2}$$

$$\frac{d^2x}{dt^2} = -x \tag{1.3}$$

はそれぞれ，1階，2階の常微分方程式であり，

$$x(t) = Ce^t \qquad (C\text{ は定数}),$$

$$x(t) = A\sin t + B\cos t \qquad (A, B\text{ は定数})$$

はそれぞれの常微分方程式の解である．

(1.1)において，$x(t)$ や $F$ はベクトル値でもよい．例えば，

$$\frac{dx}{dt} = \begin{pmatrix} x_1 - x_1x_2 \\ -x_2 + x_1x_2 \end{pmatrix}, \quad x = \begin{pmatrix} x_1 \\ x_2 \end{pmatrix} \tag{1.4}$$

も1階の常微分方程式である．

微分方程式は，古典力学および微分積分学とともに成立した．その萌芽はガリレオ・ガリレイの仕事に見られる．

物体を自由落下させるとき，$t$ 秒後までの落下距離を $s(t)$ とすれば，$t$ 秒後から $(t+h)$ 秒後までの平均速度の極限

$$v(t) = \lim_{h\to 0} \frac{s(t+h)-s(t)}{h}$$

が時刻 $t$ における瞬間落下速度であり，その速度の平均変化率が一定，つまり，

$$\frac{v(t+h)-v(t)}{h} = g \quad (g\text{ は重力定数})$$

となること，そして解が $s(t) = gt^2/2$ であることが『新科学対話』(岩波文庫)の中に述べられている．

微分の概念を用いれば，上のことは，

$$\begin{cases} \dfrac{ds}{dt} = v, \quad s(0) = 0 \\ \dfrac{dv}{dt} = g, \quad v(0) = 0 \end{cases} \tag{1.5}$$

と表され，(1.5)の第2式を積分して，$v(0) = 0$ より，

$$v(t) = gt.$$

次に，これを第1式に代入して積分すれば，$s(0)=0$ より，

$$s=\frac{1}{2}gt^2$$

が得られる．(ガリレイはこれを3角形の面積を用いて導いた．)

古典力学は，ニュートンの方程式によって確立された．原点に万有引力の中心があるとき，時刻 $t$ における質点の位置 $q$ と速度 $v$ は次の微分方程式をみたす．

$$\begin{cases} \dfrac{dq}{dt}=v \\ \dfrac{dv}{dt}=-\dfrac{q}{|q|^3} \end{cases} \qquad q=\begin{pmatrix} q_1 \\ q_2 \\ q_3 \end{pmatrix},\ v=\begin{pmatrix} v_1 \\ v_2 \\ v_3 \end{pmatrix}\in\mathbb{R}^3 \tag{1.6}$$

(第2式の右辺に現れるべき物理定数を1としている．)

この方程式から，次のことがただちにわかる．($\langle\ ,\ \rangle$ は内積を表す．)

(i)　$E=\dfrac{1}{2}|v|^2-\dfrac{1}{|q|}$ とおくと，$\mathrm{grad}\dfrac{1}{|q|}=-\dfrac{q}{|q|^3}$ だから，

$$\begin{aligned}\frac{dE}{dt}&=\left\langle v,\frac{dv}{dt}\right\rangle-\left\langle -\frac{q}{|q|^3},\frac{dq}{dt}\right\rangle \\ &=\left\langle v,-\frac{q}{|q|^3}\right\rangle+\left\langle \frac{q}{|q|^3},v\right\rangle=0\end{aligned}$$

よって，$E$ は定数(エネルギー保存則)．

(ii)　$A=q\times v$ ($q$ と $v$ の外積，角運動量という)とおくと，

$$\frac{dA}{dt}=\frac{dq}{dt}\times v+q\times\frac{dv}{dt}=v\times v+q\times\left(-\frac{q}{|q|^3}\right)=0.$$

よって，$A$ は定ベクトルである．これから次のことがわかる．

(1)　$q,v$ は平面 $\{q\in\mathbb{R}^3\,|\,q$ は $A$ と直交$\}$ を動く．

(2)　$\|q(t)\times q(t+h)\|$ は2つのベクトル $q(t), q(t+h)$ が張る平行4辺形の面積であり，

$$\lim_{h\to 0}\frac{1}{h}q(t)\times q(t+h)=\lim_{h\to 0}q(t)\times\frac{q(t+h)-q(t)}{h}=q(t)\times v(t)\equiv A.$$

(面積速度一定の法則)

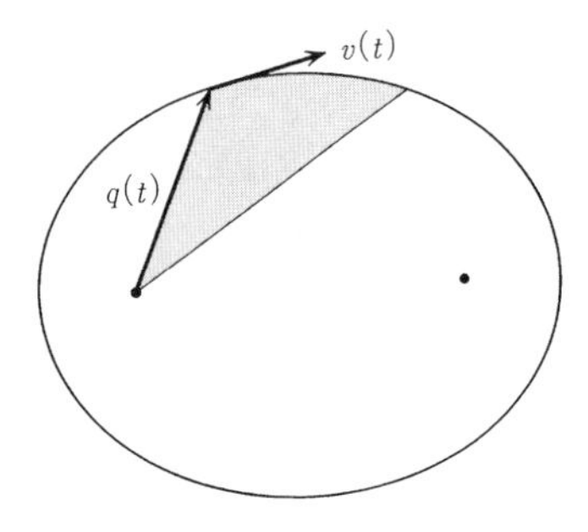


**図 1.1**　面積速度一定

歴史上，チコ・ブラーエの観測データから，ケプラーによって見出された経験法則が，ニュートンの方程式によってすべて説明できることになった．

**定義 1.1**　上の $E$ や $A$ の各成分のように，微分方程式の解に沿って一定である関数を，この微分方程式の**第 1 積分**(first integral)という．　□

一般に，常微分方程式は，

$$\frac{dx}{dt} = f(t, x), \tag{1.7}$$

成分ごとに書けば，

$$\begin{cases} \dfrac{dx_1}{dt} = f_1(t, x_1, x_2, \cdots, x_n) \\ \dfrac{dx_2}{dt} = f_2(t, x_1, x_2, \cdots, x_n) \\ \qquad\cdots\cdots\cdots \\ \dfrac{dx_n}{dt} = f_n(t, x_1, x_2, \cdots, x_n) \end{cases} \tag{1.7$'$}$$

の形に書かれているとき，**正規形**または**標準形**(normal form)であるという．

(1.1)の形の常微分方程式は，陰関数定理を用いて

$$\frac{d^p x}{dt^p} = g\left(t, x, \frac{dx}{dt}, \cdots, \frac{d^{p-1}x}{dt^{p-1}}\right)$$

と解くことができれば，次の例のようにして正規形に書き直すことができる．

**例 1.2**　$\dfrac{d^2x}{dt^2}=g\left(t,x,\dfrac{dx}{dt}\right)$ のとき，$x_1=x$，$x_2=\dfrac{dx}{dt}$ とおくと，

$$\frac{dx_1}{dt}=x_2,\quad \frac{dx_2}{dt}=g(t,x_1,x_2).$$

よって，この方程式は次のように書ける．

$$\frac{d}{dt}\begin{pmatrix} x_1 \\ x_2 \end{pmatrix}=\begin{pmatrix} x_2 \\ g(t,x_1,x_2) \end{pmatrix}.$$

□

正規形の方程式の右辺 $f(t,x)$ が $t$ によらず，

$$\frac{dx}{dt}=f(x) \tag{1.8}$$

の形に書けるときは，**自励的**(autonomous)であるという．

自励的で正規形の微分方程式(1.8)については，$x(t)$ が解であることを次のように言いかえることができる．

(i)　$x(t)$ は微分可能な曲線であって，

(ii)　その接ベクトル $\dfrac{dx}{dt}(t)$ がベクトル $f(x(t))$ に等しい．

このように解 $x(t)$ を $t$ を助変数とする曲線と考えたとき，**解曲線**(solution curve)という．また，各点 $x=(x_1,x_2,\cdots,x_n)$ において，ベクトル

$$f(x)=(f_1(x_1,x_2,\cdots,x_n),\ f_2(x_1,x_2,\cdots,x_n),\ \cdots,\ f_n(x_1,x_2,\cdots,x_n))$$

が与えられたとき，$f(x)$ を**ベクトル場**(vector field)という．

なお，力学の問題のように，$t$ を時間と考えるときには，$x(t)$ を**解軌道**(trajectory または orbit)ということもある．

**注意**　ベクトルは本来，縦に並べて書くべきであるが，紙数の都合上，以下，横ベクトルで表すことが多い．

## §1.2　曲線と微分方程式

微分方程式の誕生については，曲線の研究も見落とすことはできない．ここでは，まず，曲線の族を与えて，これがみたす微分方程式を考えてみよう．

**例 1.3**　同心円 $x^2+y^2-a^2=0$ $(a>0)$.
$y$ を $x$ の関数と考えて微分すると，$x+yy'=0$. 正規形に直せば,

$$y' = -\frac{x}{y}\,.$$

□

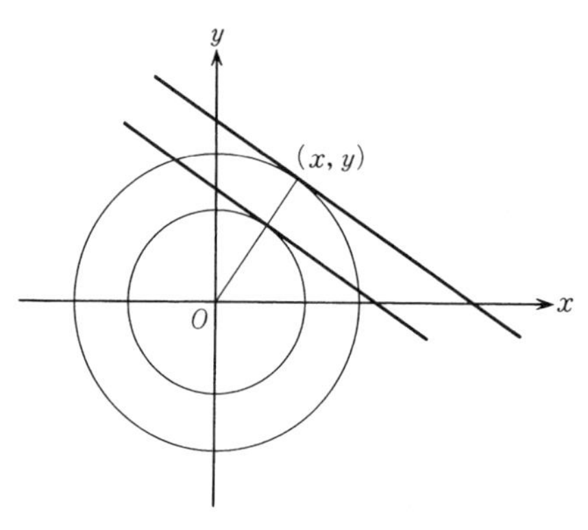


図 1.2　同心円

**例 1.4**　放物線族 $y=ax^2$ $(a\neq 0)$.
$y'=2ax$ より，$xy'=2y$，あるいは，$y'=\dfrac{2y}{x}$.　□

**例 1.5**　心臓形 $r=a(1+\cos\theta)$ $(a>0)$.
$\dfrac{dr}{d\theta}=-a\sin\theta$ より,

$$\frac{dr}{d\theta} = -\frac{r\sin\theta}{1+\cos\theta} = -r\tan\frac{\theta}{2}.$$

□

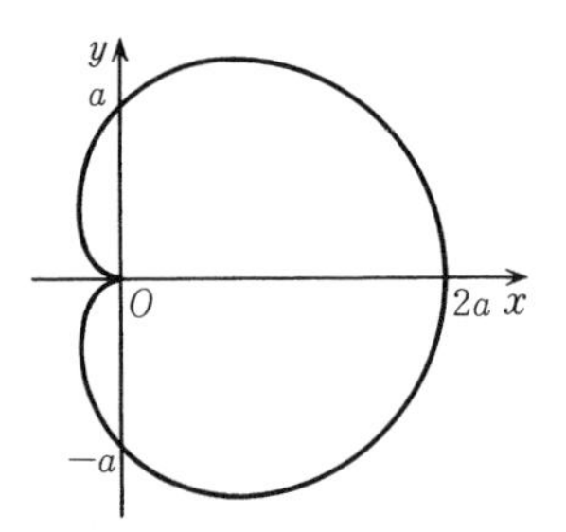


図 1.3　心臓形

上のような例では，微分方程式から元の曲線が解として得られる．例えば，例 1.3，例 1.4 は次のように解ける．

$$y\frac{dy}{dx}+x=\frac{1}{2}\frac{d}{dx}(y^2+x^2)=0$$

より，

$$y^2+x^2=C \quad (C \text{ は定数}).$$

また，

$$\frac{1}{y}\frac{dy}{dx}-\frac{2}{x}=\frac{d}{dx}(\log|y|-2\log|x|)=0$$

より，

$$\log|y|-2\log|x|=C,\ \text{つまり,}\quad y=\pm e^C x^2 \quad (C \text{ は定数}).$$

一般に，

$$\frac{dy}{dx}=\frac{g(y)}{f(x)}$$

の形の微分方程式では，

$$G(y)=\int^y \frac{dy}{g(y)}, \quad F(x)=\int^x \frac{dx}{f(x)}$$

とおけば，

$$\frac{d}{dx}G(y)=\frac{1}{g(y)}\frac{dy}{dx}=\frac{1}{f(x)}=\frac{d}{dx}F(x)$$

より，

$$G(y)=F(x)+C \quad (C \text{ は定数}).$$

これから，$y$ を $x$ について解けば，解 $y=y(x)$ が求まる．このような形の方程式を**変数分離形**という．

**問 1** 例 1.5 の微分方程式を解け．

**例 1.6** 楕円 $\frac{x^2}{a^2}+\frac{y^2}{b^2}=1$ と双曲線 $\frac{x^2}{a^2}-\frac{y^2}{b^2}=1$．

$$\frac{d}{dx}\left(\frac{x^2}{a^2}\pm\frac{y^2}{b^2}\right)=2\left(\frac{x}{a^2}\pm\frac{y}{b^2}y'\right)=0.$$

これから，接線の傾きが $\dfrac{dy}{dx}=\mp\dfrac{b^2x}{a^2y}$ として求まるが，まだ，定数 $a,b$ に依存した形である．上の式をもう一度微分すると，

$$\frac{d}{dx}\left(\frac{x}{a^2}\pm\frac{y}{b^2}y'\right)=\frac{1}{a^2}\pm\frac{1}{b^2}\{(y')^2+yy''\}=0\,.$$

よって，定数 $a,b$ を消去して，

$$x\{(y')^2+yy''\}=yy'\,.$$

□

**問2**　$u=yy'$ と変数変換して，例1.6の微分方程式を解け．

**例1.7**　葉状形 $x^3+y^3-3axy=0$.

$x^2+y^2y'-a(y+xy')=0$ より，$a$ を消去すると，

$$(x^3+y^3)(y+xy')=3xy(x^2+y^2y')\,.$$

よって，

$$\frac{dy}{dx}=\frac{2x^3y-y^4}{x^4-2xy^3}.$$

この方程式を解いてみよう．$y=xz$ とおくと，

$$y'=xz'+z=\frac{2z-z^4}{1-2z^3}$$

より

$$xz'=\frac{z+z^4}{1-2z^3},$$

$$\frac{1}{x}=\frac{1-2z^3}{z^4+z}z'=\left(\frac{1}{z}-\frac{3z^2}{z^3+1}\right)z'=(\log|z|-\log|z^3+1|)'.$$

したがって，$x(z^3+1)=Cz$，つまり，$x^3+y^3=Cxy$.

□

**問3**　連珠形 $(x^2+y^2)^2=a^2(x^2-y^2)$ がみたす微分方程式を導け．また，その微分方程式の解を求めよ．

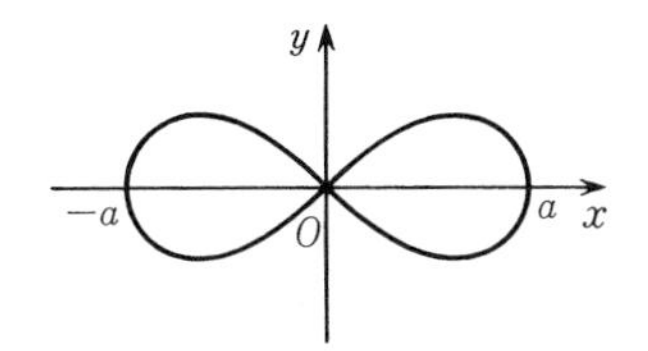


図 1.4　連珠形(レムニスケート)

**注意 1.8**　例 1.7 の微分方程式のように，右辺 $f(x,y)$ が **0 次同次**，つまり，

$$\alpha \neq 0 \quad \Longrightarrow \quad f(\alpha x, \alpha y) = f(x,y)$$

をみたすとき，$y = xz$ とおくと，

$$y' = xz' + z = f(x, xz) = f(1, z), \text{ つまり，} \quad xz' = f(1,z) - z$$

と変数分離形になり，求積が可能である．

**例 1.9**　平面上の円 $(x-a)^2+(y-b)^2-c^2=0$.

このとき，

$$x-a+(y-b)y' = 0, \quad 1+(y-b)y''+y'^2 = 0, \quad (y-b)y'''+3y'y'' = 0.$$

第 2, 3 式から $b$ を消去して，次の微分方程式を得る．

$$(1+y'^2)y''' - 3y'y''^2 = 0.$$

この微分方程式を解いてみよう．この方程式を変形すると，

$$\frac{y'''}{y''} - \frac{3y'y''}{1+y'^2} = \left(\log |y''(1+y'^2)^{-3/2}|\right)' = 0$$

となるから，

$$y''(1+y'^2)^{-3/2} = C. \tag{1.9}$$

とくに $C=0$ のときは，$y''=0$ より，

$$y = Ax + B.$$

$C \neq 0$ のときは，$y' = \tan\theta$ とおくと，

$$y''(1+y'^2)^{-3/2} = \frac{d\theta}{dx}|\cos\theta| = C.$$

よって，

$$\sin\theta = \pm Cx + A.$$

このとき，

$$y' = \pm\frac{\sin\theta}{C}\frac{d\theta}{dx}$$

と書けるから，$\cos\theta = \mp Cy + B$. したがって，$a = -A/C$, $b = B/C$ として，$(x-a)^2 + (y-b)^2 = C^{-2}$. □

**注意 1.10**　$s = \int_{x_0}^{x}(1+y'^2)^{1/2}dx$ は，平面曲線 $y = y(x)$ 上での点 $(x_0, y(x_0))$ から $(x, y(x))$ までの弧の長さである．また，接線の傾きを $y' = \tan\theta$ とするとき，$\theta$ の変化率

$$\rho = \frac{d\theta}{ds} = y''(1+y'^2)^{-3/2}$$

は点 $(x, y(x))$ での $y = y(x)$ の**曲率**とよばれる．このとき，$1/\rho$ は点 $(x, y(x))$ で曲線 $y = y(x)$ に2次の接触をする円(**曲率円**)の半径を表す.（ただし，その中心が接ベクトル方向から見て左手にあるとき，正，右手にあるとき，負となる.）したがって，上の方程式(1.9)は，曲率が一定であることを表している．

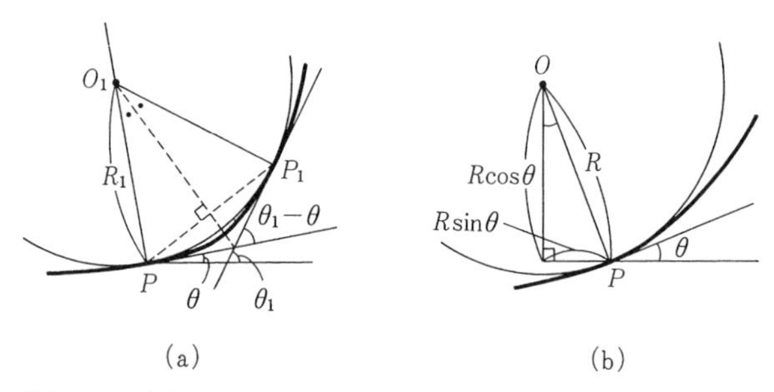


**図 1.5**　(a)で点 $P_1$ を $P$ に近づけると，(b)のように曲率円が得られる．

(a) 2点 $P, P_1$ で曲線 $y = y(x)$ に接する円の半径 $R_1$ は，接線と $x$ 軸の作る角 $\theta, \theta_1$ を用いると，

$$R_1 = \frac{PP_1/2}{\sin(\theta_1 - \theta)/2}.$$

(b) $P_1 \to P$ のとき，円 $O_1$ は，点 $P$ で2次の接触をする円 $O$ に収束し，その半径を $R$ とすると，

$$\frac{1}{R} = \lim\frac{1}{R_1} = \frac{d\theta}{ds}.$$

また，$P = (x, y)$ のとき，$O = (x - R\sin\theta,\ y + R\cos\theta)$.

**例題 1.11**　トラクトリクス

$$x = a\log\frac{a+\sqrt{a^2-y^2}}{y} - \sqrt{a^2-y^2} \quad (a>0)$$

について，次のことを示せ.

(1)　この曲線上の点 $P$ における接線と $x$ 軸の交点を $T$ とするとき，長さ $PT$ は一定である.

(2)　点 $P$ における曲率円の中心の軌跡は懸垂線である.

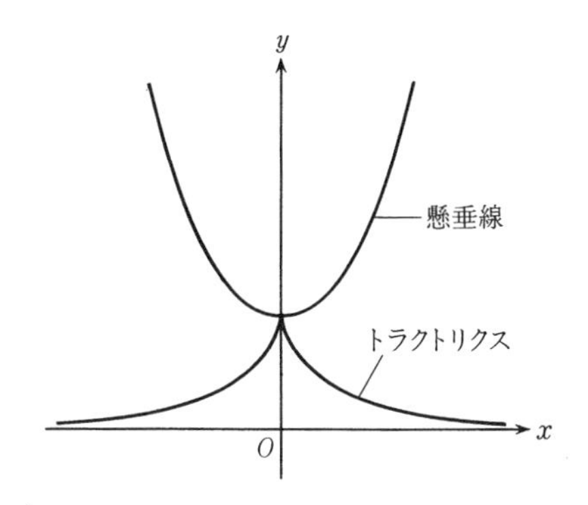


**図 1.6**　トラクトリクスと懸垂線

[解]　(1)　$dx/dy = -\sqrt{a^2-y^2}/y$ より，$y' = dy/dx = -y/\sqrt{a^2-y^2}$，$PT = |y/y'|\sqrt{1+y'^2}$ となるから，

$$PT = \sqrt{a^2-y^2}\sqrt{1+y^2/(a^2-y^2)} = a\,.$$

(2)　曲線 $y=f(x)$ 上の点 $(x,y)$ における曲率円の中心を $(X,Y)$ とすると，図 1.6 より容易にわかるように，次式が成り立つ.

$$\begin{cases} X = x - \dfrac{y'(1+y'^2)}{y''}, \\ Y = y + \dfrac{1+y'^2}{y''}\,. \end{cases}$$

したがって，

$$y'' = \frac{d}{dy}\left(\frac{dy}{dx}\right)\frac{dy}{dx} = \frac{d}{dy}\left(-\frac{y}{\sqrt{a^2-y^2}}\right)\cdot\frac{-y}{\sqrt{a^2-y^2}} = \frac{a^2y}{(a^2-y^2)^2}.$$

よって，

$$X = x + \sqrt{a^2-y^2} = a\log\frac{a+\sqrt{a^2-y^2}}{y}, \quad Y = y + \frac{a^2-y^2}{y} = \frac{a^2}{y}.$$

これから $y$ を消去すれば，$Y = a\cosh(X/a)$，つまり，懸垂線である．■

**問4**　例題1.11で，$T=(t,0)$ のとき，$P$ の座標を $t$ で表せ．(点 $(0,a)$ にある重りに長さ $a$ のひもをつけ，$x$ 軸上にあるトラクター(tractor)でひもの端 $T$ を一定速度で引っ張るとき，重りの描く軌跡がトラクトリクス(tractrix)である.)

**例題1.12**　次の微分方程式の定める曲線を求めよ．ただし，$a<b$.

$$\frac{dy}{dx} = \sqrt{\frac{b-y}{y-a}}. \tag{1.10}$$

[解]　$y = \dfrac{a+b}{2} + \dfrac{b-a}{2}\cos z$ とおくと，

$$b-y = \frac{b-a}{2}(1-\cos z), \quad y-a = \frac{b-a}{2}(1+\cos z),$$

$$dy = -\frac{b-a}{2}\sin z\,dz$$

より，

$$-\frac{b-a}{2}\sin z\frac{dz}{dx} = \sqrt{\frac{1-\cos z}{1+\cos z}} = \tan\frac{z}{2}.$$

よって，

$$-(b-a)\cos^2\frac{z}{2}\frac{dz}{dx} = 1, \text{ つまり，} \quad -\frac{b-a}{2}(\cos z+1)dz = dx.$$

ゆえに，

$$x = -\frac{b-a}{2}(\sin z + z) + C, \quad y = \frac{a+b}{2} + \frac{b-a}{2}\cos z.$$

これは，サイクロイド(cycloid)である．■

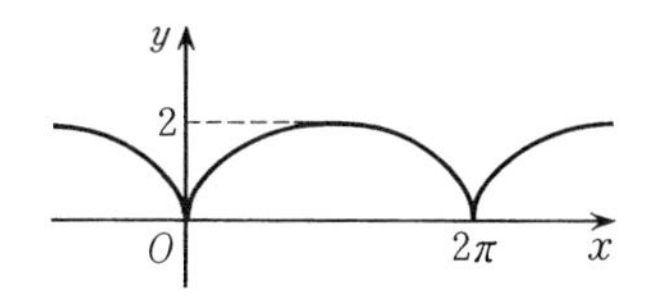


**図 1.7**　サイクロイド: $x=t-\sin t,\ y=1-\cos t$

**問 5**　$dy/dx=\sqrt{(y-b)/(y-a)}$ $(a,b\in\mathbb{R})$ を解け.

**例 1.13**　$\mathbb{R}^3$ 内の滑らかな曲線 $\gamma$ が弧長 $s$ を用いて,

$$\begin{pmatrix} x_1 \\ x_2 \\ x_3 \end{pmatrix} = \varphi(s) = \begin{pmatrix} \varphi_1(s) \\ \varphi_2(s) \\ \varphi_3(s) \end{pmatrix} \quad (0 \leqq s \leqq L)$$

と表示されているとき,

$$e_1(s) = \varphi'(s)$$

はこの曲線の**単位接ベクトル**(unit tangent vector)である. $\varphi''(s)\neq 0$ ならば,

$$\langle \varphi'(s), \varphi''(s)\rangle = \frac{1}{2}\frac{d}{ds}|\varphi'(s)|^2 = 0$$

だから,

$$e_2(s) = \frac{\varphi''(s)}{|\varphi''(s)|}$$

とおくと, $e_2(s)$ は $e_1(s)$ と直交する単位ベクトルとなる. これを, 曲線 $\gamma$ の**単位法ベクトル**(unit normal vector)という. また,

$$\rho(s) = |\varphi''(s)|$$

を点 $\varphi(s)$ における $\gamma$ の**曲率**(curvature)という.

さて, $|e_2(s)|=1$ であるから, $e_2'(s)\cdot e_2(s)=0$. また, $e_1(s)\cdot e_2(s)=0$ より,

$$e_1'(s)\cdot e_2(s)+e_1(s)\cdot e_2'(s) = 0\,.$$

したがって, $e_2'(s)\cdot e_1(s)=-\rho(s)$. よって, 単位ベクトル $e_3(s)$ を, $e_1(s)$, $e_2(s)$ に直交し, $e_1(s), e_2(s), e_3(s)$ が右手系の基底となるように選べば,

$$e_2'(s) = -\rho(s)e_1(s)+\kappa(s)e_3(s)$$

と書ける．この係数 $\kappa(s)$ は，点 $\varphi(s)$ における $\gamma$ の**ねじれ率**(torsion)という．その大きさは，$|\kappa(s)|=|e_2'(s)+\rho(s)e_1(s)|=|(\varphi''/|\varphi''|)'+\varphi''|$ である．

このとき，$e_3(s)\cdot e_2(s)=0$ より，$e_3'(s)\cdot e_2(s)=-\kappa(s)$．また，$e_3(s)\cdot e_1(s)=0$ より，$e_3'(s)\cdot e_1(s)=-e_3(s)\cdot e_1'(s)=-\rho(s)e_3(s)\cdot e_2(s)=0$．したがって，

$$e_3'(s)=-\kappa(s)e_2(s)\,.$$

以上まとめると，次の線形方程式が得られる．

$$\begin{cases} \varphi'(s)=e_1(s) \\ e_1'(s)=\rho(s)e_2(s) \\ e_2'(s)=-\rho(s)e_1(s)+\kappa(s)e_3(s) \\ e_3'(s)=-\kappa(s)e_2(s) \end{cases}$$

これを空間曲線 $\gamma$ に対する**フルネ–セレ**(Frenet-Serret)**の自然方程式**という．考えてみると，このようにすべての曲線が線形方程式で記述されることは不思議なことである．　□

**問6**　$\mathbb{R}^n$ 内の滑らかな曲線 $\gamma$ に対して，上の例1.13と同様にして，次の方程式を導け．

$$\begin{cases} \varphi'(s)=e_1(s) \\ e_1'(s)=\rho_1(s)e_2(s) \\ e_i'(s)=-\rho_{i-1}(s)e_{i-1}(s)+\rho_i(s)e_{i+1}(s) \quad (2\leqq i\leqq n-1) \\ e_n'(s)=-\rho_{n-1}(s)e_{n-1}(s) \end{cases}$$

ただし，$e_1(s), e_2(s), \cdots, e_n(s)$ は互いに直交する単位ベクトルとする．このとき，関数 $\rho_1(s), \rho_2(s), \cdots, \rho_{n-1}(s)$ は曲線 $\gamma$ から決まり，$\rho_1(s)$ を曲率，$\rho_2(s)$ をねじれ率，一般に，$\rho_i(s)$ を**第 $i$ 曲率**という．

**例題1.14**　$a, b$ を $C^1$ 級関数として，平面上の微分方程式

$$\frac{dx}{dt}=a(x,y), \quad \frac{dy}{dt}=b(x,y)$$

によって定まる曲線を $\gamma$ とする．このとき，点 $(x(t), y(t))$ における接線の

傾き $p(t)$ のみたす微分方程式を導け.

［解］

$$p=\frac{dy}{dx}=\frac{dy}{dt}\Big/\frac{dx}{dt}=\frac{b(x,y)}{a(x,y)}$$

となるから,

$$\begin{aligned}\frac{dp}{dt}&=\frac{1}{a^2}\left\{\left(a\frac{\partial b}{\partial x}-b\frac{\partial a}{\partial x}\right)\frac{dx}{dt}+\left(a\frac{\partial b}{\partial y}-b\frac{\partial a}{\partial y}\right)\frac{dy}{dt}\right\}\\&=\frac{\partial b}{\partial x}-p\frac{\partial a}{\partial x}+\left(\frac{\partial b}{\partial y}-p\frac{\partial a}{\partial y}\right)p.\end{aligned}$$

よって, $p(t)$ は次の方程式をみたす:

$$\frac{dp}{dt}=\alpha(t)p^2+\beta(t)p+\gamma(t).$$

ただし,

$$\begin{aligned}\alpha(t)&=-\frac{\partial a}{\partial y}(x(t),y(t)),\\\beta(t)&=\left(\frac{\partial b}{\partial y}-\frac{\partial a}{\partial x}\right)(x(t),y(t)),\\\gamma(t)&=\frac{\partial b}{\partial x}(x(t),y(t)).\end{aligned}$$

このように右辺が2次式の方程式を**リッカティ(Riccati)方程式**という. ∎

## §1.3　初期値問題

古典力学の場合, ある時刻 $t_0$ において位置 $q_0$ と速度 $v_0$ が与えられれば, 運動は微分方程式からただ1通りにきまることが期待される.

一般に, $\mathbb{R}^n$ 値関数 $f(t,x)$ が $\mathbb{R}^{n+1}$ 内の領域 $D$ で定義され, $(t_0,x_0)\in D$ が与えられたとき, 常微分方程式

$$\frac{dx}{dt}=f(t,x) \tag{1.11}$$

の解 $x(t)$ で，条件

$$x(t_0) = x_0 \tag{1.12}$$

をみたすものを求める問題を**初期値問題**(initial value problem)といい，(1.12)を**初期条件**(initial condition)または**初期データ**という．

**例 1.15**　初期値問題 $\dfrac{dx}{dt} = tx$，$x(0) = 1$ の解．

$\dfrac{1}{x}\dfrac{dx}{dt} = t$ より，　$\displaystyle\int_{x(0)}^{x(t)} \frac{dx}{x} = \frac{1}{2}t^2$．　よって，　$x(t) = e^{t^2/2}$．　□

初期値問題の解の存在は次のように保証されている．

**定理 1.16**（ペロンの存在定理）　$r > 0$，$R > 0$ とする．$\mathbb{R}^n$ 値関数 $f(t, x)$ が，$|t - t_0| \leqq r$，$\|x - x_0\| \leqq R$ で連続なとき，初期値問題

$$\begin{cases} \dfrac{dx}{dt} = f(t, x) \\ x(t_0) = x_0 \end{cases} \tag{1.13}$$

は，$t = t_0$ の近くで解 $x(t)$ をもつ．　□

**注意 1.17**　この解 $x(t)$ は，少なくとも，$t_0 - \delta \leqq t \leqq t_0 + \delta$ で定義されることが付録に与えた証明からわかる．ただし，

$$\delta = \min\{r, R/M\}, \quad M = \max_{|t-t_0| \leqq r,\ \|x-x_0\| \leqq R} \|f(t, x)\|. \tag{1.14}$$

上の定理 1.16 で存在が保証される，$t = t_0$ の近くで定義された解を**局所解**(local solution)という．また，もし $|t - t_0| \leqq r$ 全体で定義された解があれば，**大域解**(global solution)という．

**例 1.18**　$\dfrac{dx}{dt} = x^2$，$x(0) = a$ $(a > 0)$ の解．

$\dfrac{1}{x^2}\dfrac{dx}{dt} = 1$ より，　$\dfrac{1}{x(0)} - \dfrac{1}{x(t)} = t$．　よって，　$x(t) = \left(\dfrac{1}{a} - t\right)^{-1}$．　□

**注意 1.19**　例 1.15 では，解 $x(t)$ は，$-\infty < t < +\infty$ で定義されていたが，例 1.18 では，$t < \dfrac{1}{a}$ の範囲でのみ解 $x(t)$ があり，$t \to \dfrac{1}{a}$ のとき，$x(t) \to \infty$ とな

る．一般に，有限時間内に解が非有界になるとき，その解は**爆発する**(explode)という．このような場合，大域解は存在しない．

**例 1.20**　$\dfrac{dx}{dt}=\sqrt{|x|}$, $x(0)=0$ の解．

$x>0$ のとき $\dfrac{dx}{dt}=\sqrt{x}$，$x<0$ のとき $\dfrac{dx}{dt}=\sqrt{-x}$ だから，$\displaystyle\int\frac{dx}{\sqrt{\pm x}}=\pm 2\sqrt{\pm x}$ より，

$$x(t)=\begin{cases}\dfrac{1}{4}t^2 & (t\geqq 0)\\[2mm] -\dfrac{1}{4}t^2 & (t<0)\end{cases}$$

は解である．一方，$x(t)\equiv 0$ を考えると，$\dfrac{dx}{dt}=0=\sqrt{0}=\sqrt{x(t)}$ だから，微分方程式の解の定義により，$x(t)\equiv 0$ も解である．つまり，このとき局所解 $x(t)$ は1つに決まらない．　□

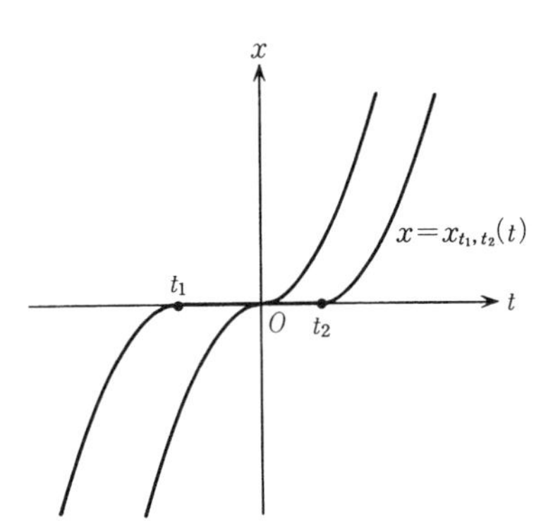


**図 1.8**　例 1.20 の解は無数にある

**問 7**　$-\infty\leqq t_1\leqq 0\leqq t_2\leqq\infty$ として，

$$x_{t_1,t_2}(t)=\begin{cases}(1/4)(t-t_2)^2 & (t\geqq t_2)\\ 0 & (t_1\leqq t\leqq t_2)\\ -(1/4)(t-t_1)^2 & (t<t_1)\end{cases}$$

とおくと，$x_{t_1,t_2}$ も例 1.20 の初期値問題の解であることを示せ.

上の例 1.20 のように，解が“枝分かれ”するものは，そのことを積極的に利用することもあるが，一般には望ましいことではない.

例 1.20 が示すように，定理 1.16 は，解がただ 1 つであることを保証していない．一意性を保証するのは次の条件である.

**定義 1.21**　$\mathbb{R}^{n+1}$ の部分集合 $D$ で定義された，$\mathbb{R}^n$ 値連続関数 $f(t,x)$ が**リプシッツ(Lipschitz)条件**をみたすとは，ある定数 $L$ に対して，次の不等式が成り立つことをいう.

$$\|f(t,y)-f(t,x)\| \leqq L\|y-x\| \quad ((t,x),(t,y)\in D). \qquad (1.15)$$

この定数 $L$ を**リプシッツ定数**という. □

**例 1.22**　$D=\{(t,x)\in\mathbb{R}\times\mathbb{R}^n;\ |t-t_0|\leqq r,\ \|x-x_0\|\leqq R\}$ で，$\mathbb{R}^n$ 値連続関数 $f(t,x)$ が $x=(x_1,x_2,\cdots,x_n)$ について連続微分可能ならば，

$$L=\max_{(t,x)\in D}\left(\sum_{i=1}^n\left\|\frac{\partial f}{\partial x_i}(t,x)\right\|^2\right)^{1/2}$$

をリプシッツ定数として，(1.15)が成り立つ．実際，

$$f(t,y)-f(t,x)=\sum_{i=1}^n\left(\int_0^1\frac{\partial f}{\partial x_i}(t,\ x+s(y-x))ds\right)(y_i-x_i)$$

(アダマールの変形)にシュワルツの不等式を適用すれば(1.15)がわかる. □

**定理 1.23**（コーシー(Cauchy)の存在と一意性定理）　$f(t,x)$ が

$$D=\{(t,x)\mid t\in\mathbb{R},\ x\in\mathbb{R}^n,\ |t-t_0|\leqq r,\ \|x-x_0\|\leqq R\}$$

で定義された $\mathbb{R}^n$ 値連続関数で，リプシッツ条件(1.15)をみたすとき，初期値問題(1.13)の局所解 $x(t)$ $(|t-t_0|\leqq\delta)$ はただ 1 つ存在する. □

**問 8**　$n=1$ のとき，次の初期値問題は，$0<\alpha<1$ ならば無限個の解，$\alpha\geqq 1$ ならばただ 1 つの解をもつことを示せ.

$$\frac{dx}{dt}=|x|^\alpha,\quad x(0)=0\,.$$

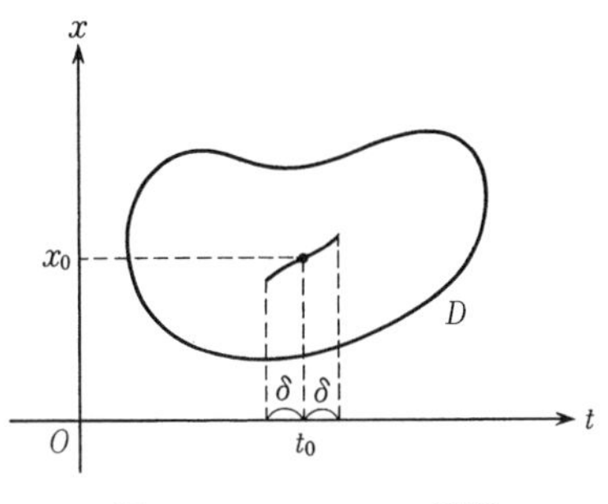


**図 1.9**　コーシーの定理

**注意 1.24**　定理 1.23 の場合も，局所解の存在範囲 $\delta$ は，少なくとも，

$$\delta = \min\{r, R/M\}$$

ととれることが，付録に与える証明からわかる．

しかし，次のような線形の微分方程式ではより多くのことが知られている．

**定義 1.25**　微分方程式(1.11)の右辺が，

$$f(t,x) = A(t)x + b(t) \tag{1.16}$$

ただし，

$A(t) = (a_{ij}(t))_{1 \leqq i,j \leqq n}$ は $n$ 次正方行列値関数，

$b(t) = (b_i(t))_{1 \leqq i \leqq n}$ は $\mathbb{R}^n$ 値関数

の形に書けるとき，(1.11)は**線形**(linear)であるという．このとき，方程式(1.11)を成分ごとに書き下すと，次のようになっている．

$$\frac{dx_i}{dt} = a_{i1}(t)x_1 + a_{i2}(t)x_2 + \cdots + a_{in}(t)x_n + b_i(t) \quad (i = 1, 2, \cdots, n). \tag{1.17}$$

□

**定理 1.26**　$A(t), b(t)$ が区間 $I$ で定義された連続関数のとき，線形常微分方程式の初期値問題

$$\begin{cases} \dfrac{dx}{dt} = A(t)x + b(t) \\ x(t_0) = x_0 \end{cases} \qquad \text{ただし，} t_0 \in I,\ x_0 \in \mathbb{R}^n \tag{1.18}$$

の解 $x(t)$ はただ 1 つで，つねに $I$ 全体で定義することができる．　□

なんといっても最も素朴な線形方程式の解法は消去法である.

**例題 1.27**　次の初期値問題を解け.

$$\frac{dx}{dt}=-x+y,\quad \frac{dy}{dt}=x-2y+z,\quad \frac{dz}{dt}=y-z,$$
$$x(0)=p,\quad y(0)=q,\quad z(0)=r.$$

［解］　$d(x+y+z)/dt=0$ だから $x+y+z=3A$（$A$ は定数）. よって，$dy/dt=x-2y+z=-3(y-A)$. これから，

$$y=2Be^{-3t}+A\quad (B\text{ は定数}).$$

すると，$dx/dt=-x+2Be^{-3t}+A$ より，

$$x=Ce^{-t}-Be^{-3t}+A\quad (C\text{ は定数}),\quad z=-Ce^{-t}-Be^{-3t}+A.$$

そこで，$C-B+A=p$, $2B+A=q$, $-C-B+A=r$ を解くと，

$A=(p+q+r)/3$,　$B=A-(p+r)/2=-p/6+q/3-r/6$,　$C=(p-r)/2$.

ゆえに，

$$\begin{cases} x=\dfrac{2+3e^{-t}+e^{-3t}}{6}p+\dfrac{1-e^{-3t}}{3}q+\dfrac{2-3e^{-t}+e^{-3t}}{6}r \\[2mm] y=\dfrac{1-e^{-3t}}{3}p+\dfrac{1+2e^{-3t}}{3}q+\dfrac{1-e^{-3t}}{3}r \\[2mm] z=\dfrac{2-3e^{-t}+e^{-3t}}{6}p+\dfrac{1-e^{-3t}}{3}q+\dfrac{2+3e^{-t}+e^{-3t}}{6}r \end{cases}$$

∎

なお，上の方程式の顕著な性質として，$x(t)+y(t)+z(t)\equiv$（定数）に加えて，次の性質（**正値保存性**(positivity preserving)）がある：

$$x(0),\ y(0),\ z(0)>0 \text{ のとき，} t\geqq 0 \text{ ならば，} x(t),\ y(t),\ z(t)>0.$$

**問 9**　次の方程式を解け.

(1) $\dfrac{dx}{dt}=y+z,\quad \dfrac{dy}{dt}=z+x,\quad \dfrac{dz}{dt}=x+y.$

(2) $\dfrac{dx}{dt}=y-z,\quad \dfrac{dy}{dt}=z-x,\quad \dfrac{dz}{dt}=x-y.$

実際に扱う微分方程式の多くはパラメータに依存しており，局所解のパラメータ依存性については次の定理が成り立つ．なお，初期値もパラメータと考えることができる．(証明はやはり付録で与える．)

**定理 1.28**　$f(t,x,\alpha)$ は

$$\widetilde{D}=\{(t,x,\alpha)\mid t\in\mathbb{R},\ x\in\mathbb{R}^n,\ \alpha\in\mathbb{R}^m,\ |t-t_0|\leqq r,\ \|x-x_0\|\leqq R,\ \|\alpha-\alpha_0\|\leqq\rho\}$$

で定義された $\mathbb{R}^n$ 値連続関数で，次の形のリプシッツ条件をみたすものとする：ある正の定数 $L$ に対して，

$$\|f(t,y,\alpha)-f(t,x,\alpha)\|\leqq L\|y-x\|\quad((t,x,\alpha),(t,y,\alpha)\in\widetilde{D}).$$

このとき，初期値問題(1.13)の局所解を $x(t,\alpha)$ とすると，$x(t,\alpha)$ は(定義されている範囲で) $(t,\alpha)$ について連続である．

さらに，$f(t,x,\alpha)$ が $(x,\alpha)$ について $r$ 回連続微分可能であれば，局所解 $x(t,\alpha)$ も(定義されている範囲で) $r$ 回連続微分可能である．　□

上の定理 1.23 の証明は付録で与えるが，証明の方針は次のような逐次近似にある．

1°　まず，

$$x_0(t)\equiv x_0$$

とおき，帰納的に，連続関数 $x_n(t)$ を

$$x_n(t)=x_0+\int_{t_0}^{t}f(s,x_{n-1}(s))ds\quad(n=1,2,3,\cdots)\tag{1.19}$$

で定める．ここで，$(s,x_{n-1}(s),\alpha)$ が $f$ の定義域 $\widetilde{D}$ に属することを保証するために，$|t-t_0|\leqq\delta$ の範囲に制限する必要がある．

2°　このとき，リプシッツ条件を利用すると，$x_n(t)$ が区間 $[t_0-\delta,t_0+\delta]$ 上で一様収束することがわかる．

3°　よって，その極限を $x(t)$ とすると，$x(t)$ も連続関数であり，

$$x(t)=x_0+\int_{t_0}^{t}f(s,x(s))ds\tag{1.20}$$

が成り立つことがわかる．この式(1.20)の右辺は $t$ について微分可能だから，

左辺 $x(t)$ も微分できて，

$$\frac{dx}{dt}(t) = f(t, x(t)) \quad (|t-t_0| \leqq \delta)$$

が成り立つ．

4°　$x(t_0) = x_0$ は(1.20)より明らかだから，これで初期値問題(1.13)の解が得られた．

5°　また，(1.11)の他の解 $\widetilde{x}(t)$ があれば，(1.20)をみたすから，

$$\widetilde{x}(t) - x(t) = \int_{t_0}^{t} \{f(s, \widetilde{x}(s)) - f(s, x(s))\} ds.$$

ここで再びリプシッツ条件を用いると，不等式

$$\|\widetilde{x}(t) - x(t)\| \leqq \left| \int_{t_0}^{t} L \|\widetilde{x}(s) - x(s)\| ds \right| \tag{1.21}$$

が導かれ，これから，$\widetilde{x}(t) \equiv x(t)$ を示すことができ，一意性がわかる．

最後に，オイラー差分法について触れておこう．

初期値問題(1.11)，(1.12)に対して，$h > 0$ として，

$$\frac{x_{k+1} - x_k}{h} = f(t_0 + kh, x_k) \quad (k = 0, 1, 2, \cdots) \tag{1.22}$$

によって，点列 $x_k$ を($(t_0 + kh, x_k) \in D$ である限り)定める．

**定理 1.29**　定理 1.23 と同じ仮定のもとで，

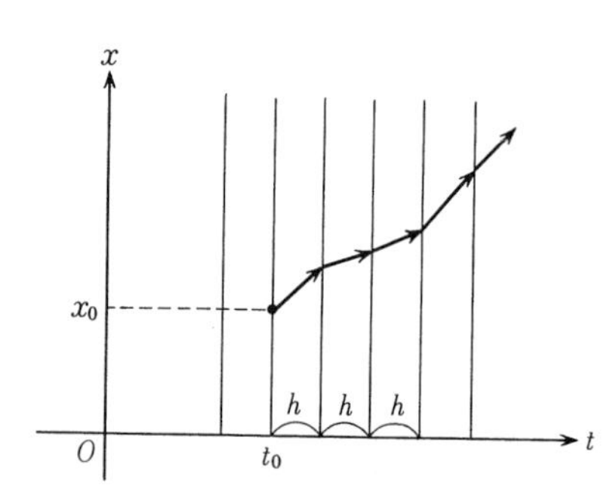


**図 1.10**　オイラー差分法

$$x^{(h)}(t) = \frac{(k+1)h-t}{h}x_k + \frac{t-kh}{h}x_{k+1} \tag{1.23}$$
$$(kh \leqq t < (k+1)h,\ k=0,1,2,\cdots)$$

とおくと，$h \to 0$ のとき，近似解 $x^{(h)}(t)$ は，初期値問題(1.11),(1.12)の解 $x(t)$ に，$[t_0, t_0+\delta]$ 上で一様に収束する． □

## §1.4　初等関数を定める微分方程式

よく知られた関数を微分方程式の立場から整理してみよう．

### (a)　指数関数と対数関数

初期値問題

$$\frac{dy}{dx} = y, \quad y(0) = 1 \tag{1.24}$$

を考えると，これは線形だから，$\mathbb{R}$ 全体で定義された解 $y(x)$ がただ1つ定まる．この解を $y=e^x$ または $\exp x$ と書き，$x$ の**指数関数**(exponential function)という．

いま，$a$ を実数とすると，$y=e^x$ は初期値問題

$$\frac{dy}{dx} = y, \quad y(a) = e^a \tag{1.25}$$

の解である．一方，(1.24)を $e^a$ 倍するとわかるように，$y=e^a e^x$ も，初期値問題(1.25)の解である．ゆえに，解の一意性より，指数法則

$$e^{a+b} = e^a e^b \quad (a, b \in \mathbb{R}) \tag{1.26}$$

が導かれる(図1.11参照)．

次に，

$$e^x > 0 \quad (x \in \mathbb{R}) \tag{1.27}$$

を確かめよう．(1.24)より，$e^0=1$ で，$e^x$ は連続だから，$x=0$ の近くでは(1.27)が成り立つ．もし，ある値 $x_0$ で $e^{x_0}=0$ となったと仮定すると，$y=e^x$ も $y\equiv 0$ も，同じ初期値問題

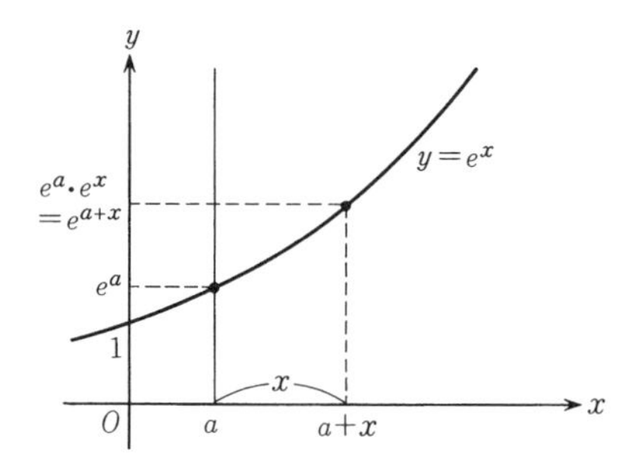


**図 1.11**　指数関数と指数法則

$$\frac{dy}{dx} = y, \quad y(x_0) = 0 \tag{1.28}$$

の解となるから，解の一意性より $e^x=0$. これは，$e^0=1$ に反する．ゆえに，このような $x_0$ は存在せず，(1.27)が成り立つ．

(1.27)と(1.24)より，$(e^x)'=e^x>0$ だから，$y=e^x$ は狭義単調増加関数である．よって，その逆関数を考えることができる．(1.24)より，

$$\frac{dx}{dy} = \frac{1}{y}, \quad y(1) = 0. \tag{1.29}$$

これを解けば，$x(y)=\int_1^y \frac{du}{u}$. よって，$e^x$ の逆関数を $\log x$ と表すことにすれば，

$$\log x = \int_1^x \frac{du}{u} \quad (x > 0). \tag{1.30}$$

$\log x$ を $x$ の**対数関数**(logarithmic function)という．

**問 10**　$\log(ax)=\log a+\log x$ $(a, x>0)$ を示せ．

このように，指数関数を(1.24)の解と定義すれば，指数関数や対数関数の性質を導くことができる．

さらに，(1.24)を積分の形で書いてみると，

$$y(x) = y(0) + \int_0^x y(t)dt = 1 + \int_0^x y(t)dt. \tag{1.31}$$

これを逐次近似で解いてみよう．

$$\begin{cases} y_0(x) \equiv 1 \\ y_{n+1}(x) = 1+\displaystyle\int_0^x y_n(t)dt \quad (n = 0, 1, 2, \cdots) \end{cases} \tag{1.32}$$

とおくと，

$$y_1(x) = 1+x, \quad y_2(x) = 1+x+\frac{x^2}{2}, \quad y_3(x) = 1+x+\frac{x^2}{2}+\frac{x^3}{3!}.$$

一般に，

$$y_n(x) = \sum_{k=0}^{n} \frac{x^k}{k!}.$$

ここで，無限級数 $y_\infty(x) = \sum_{k=0}^{\infty} \dfrac{x^k}{k!}$ は広義一様収束するから，(1.32)で極限と積分の交換ができて，

$$y_\infty(x) = 1+\int_0^x y_\infty(t)dt$$

が成り立つことがわかる．$y_\infty(t)$ は連続だから，この右辺は $x$ で微分できる．したがって，左辺も微分できて，

$$\frac{dy_\infty}{dx} = y_\infty.$$

また，$y_\infty(0) = 1$．よって，(1.24)より，$y_\infty(x) = e^x$．つまり

$$e^x = \sum_{k=0}^{\infty} \frac{x^k}{k!} \tag{1.33}$$

という指数関数のテイラー展開が導かれた．

また，オイラー差分法で(1.24)の近似解を作ってみると，等式

$$e^x = \lim_{n\to\infty}\left(1+\frac{x}{n}\right)^n \tag{1.34}$$

が導かれる．

実際，$\dfrac{x}{n}$ 刻みのオイラー差分法(1.22)を実行すると，

$$y_n\left(\frac{k+1}{n}x\right) - y_n\left(\frac{k}{n}x\right) = \frac{x}{n} y_n\left(\frac{k}{n}x\right), \quad y_n(0) = 1.$$

よって，

$$y_n\left(\frac{k}{n}x\right) = \left(1+\frac{x}{n}\right)^k y_n(0) = \left(1+\frac{x}{n}\right)^k.$$

とくに，

$$y_n(x) = \left(1+\frac{x}{n}\right)^n.$$

### (b)　三角関数

次の方程式を考えよう．

$$\frac{d^2y}{dx^2} = -y. \tag{1.35}$$

これを正規形に直すと，

$$\frac{dy}{dx} = z, \quad \frac{dz}{dx} = -y \tag{1.35'}$$

となるから，(1.35)は2つの初期値

$$y(0) = a, \quad \frac{dy}{dx}(0) = z(0) = b \tag{1.36}$$

を与えると，ただ1つの解 $y = y(x)$ が定まる．とくに，

$a = 1,\ b = 0$ のときの解を　$\cos x$

$a = 0,\ b = 1$ のときの解を　$\sin x$

と書くことにしよう．( $\cos x$, $\sin x$ をそれぞれ**余弦関数**，**正弦関数**という．)

初期値問題(1.35), (1.36)の解 $y$ をもう一度微分すると，

$$\frac{d^2}{dx^2}\left(\frac{dy}{dx}\right) = -\frac{dy}{dx}, \quad \frac{dy}{dx}(0) = b, \quad \frac{d}{dx}\left(\frac{dy}{dx}\right)(0) = -y(0) = -a.$$

したがって，(1.36)と見比べて，解の一意性より，

$$\frac{d}{dx}\sin x = \cos x, \quad \frac{d}{dx}\cos x = -\sin x \tag{1.37}$$

を得る．また，

$$\frac{d}{dx}\left\{y^2+\left(\frac{dy}{dx}\right)^2\right\}=2y\frac{dy}{dx}+2\frac{dy}{dx}\frac{d^2y}{dx^2}=2y\frac{dy}{dx}+2\frac{dy}{dx}(-y)=0$$

だから，すべての解 $y$ に対して，

$$y^2+\left(\frac{dy}{dx}\right)^2\equiv C\quad(C\text{ は定数}).\tag{1.38}$$

とくに，

$$\cos^2 x+\sin^2 x=1.\tag{1.39}$$

**注意 1.30**　上の方程式の場合，(1.38)より，次のようにして解の一意性を直接に証明できる．$y_1(x), y_2(x)$ がともに(1.35)，(1.36)の解であれば，$y(x)=y_2(x)-y_1(x)$ は初期値問題の $a=b=0$ の場合の解である．よって，$y^2+\left(\dfrac{dy}{dx}\right)^2\equiv 0$．ゆえに，$y\equiv 0$．つまり，$y_2\equiv y_1$．

方程式(1.35)は線形だから，

$$y(x)=a\cos x+b\sin x\tag{1.40}$$

とおくと，$y(x)$ もまた(1.35)の解であり，さらに，初期条件(1.36)が成り立つ．とくに，

$$a=\cos x_0,\quad b=-\sin x_0$$
$$a=\sin x_0,\quad b=\cos x_0$$

の場合，それぞれ，$y(x)=\cos(x+x_0)$，$y(x)=\sin(x_0+x)$ も(1.35)，(1.36)の解となるから，解の一意性より，加法公式

$$\begin{cases}\cos(\alpha+\beta)=\cos\alpha\cos\beta-\sin\alpha\sin\beta\\ \sin(\alpha+\beta)=\sin\alpha\cos\beta+\cos\alpha\sin\beta\end{cases}\quad(\alpha,\beta\in\mathbb{R})\tag{1.41}$$

が導かれる．

**問 11**　逐次近似法を用いて，次のテイラー展開を導け．

$$\sin x=\sum_{k=0}^{\infty}\frac{(-1)^k}{(2k+1)!}x^{2k+1},\quad \cos x=\sum_{k=0}^{\infty}\frac{(-1)^k}{(2k)!}x^{2k}.$$

一般に，$c$ が複素数のときも，

$$\frac{dy}{dx} = cy, \quad y(0) = 1 \tag{1.42}$$

の解を，$y = e^{cx}$ または $y = \exp(cx)$ と表すことにしよう．

とくに，$c = \sqrt{-1}$ のときの解 $y(x) = e^{\sqrt{-1}x}$ を考えると，

$$\frac{d^2y}{dx^2} = -y, \quad y(0) = 1, \quad \frac{dy}{dx}(0) = \sqrt{-1}.$$

したがって，$y(x)$ を実部と虚部に分けて，

$$y(x) = u(x) + \sqrt{-1}\,v(x)$$

とおくと，(1.42)は次のようになる．

$$\frac{d^2u}{dx^2} = -u, \quad u(0) = 1, \quad \frac{du}{dx}(0) = 0.$$

$$\frac{d^2v}{dx^2} = -v, \quad v(0) = 0, \quad \frac{dv}{dx}(0) = 1.$$

ゆえに，次の**オイラーの公式**が導かれる．

$$e^{\sqrt{-1}x} = \cos x + \sqrt{-1}\sin x. \tag{1.43}$$

**問12**　$c = a + \sqrt{-1}\,b$ のとき，$e^{cx} = e^{ax}(\cos bx + \sqrt{-1}\sin bx)$ を示せ．

次に，正接関数

$$\tan x = \frac{\sin x}{\cos x} \tag{1.44}$$

を考えると，商の微分の公式より，次式が導かれる．

$$\frac{d}{dx}\tan x = \tan^2 x + 1.$$

したがって，$z = \tan x$ は初期値問題

$$\frac{dz}{dx} = z^2 + 1, \quad z(0) = 0 \quad \left(-\frac{\pi}{2} < x < \frac{\pi}{2}\right) \tag{1.45}$$

の解である．（この解は $x = \pm\pi/2$ で爆発する．）

よって，$y=\tan x$ $(-\pi/2<x<\pi/2)$ の逆関数を $x=\arctan y$ と書くと，(1.45)より，

$$\arctan y=\int_0^y\frac{dz}{1+z^2}\quad(-\infty<y<+\infty) \tag{1.46}$$

が成り立つことがわかる．

**注意 1.31**　一般に，微分方程式

$$\frac{d^2y}{dx^2}=a(x)\frac{dy}{dx}+b(x)y \tag{1.47}$$

の解 $y(x)$ が 0 でないとき，

$$z(x)=\frac{y'(x)}{y(x)}$$

とおくと，

$$z'=\left(\frac{y'}{y}\right)'=\frac{y''y-y'^2}{y^2}=\frac{(ay'+by)y-y'^2}{y^2}=-z^2+az+b.$$

つまり，関数 $z(x)$ は次のリッカティ方程式をみたす．

$$\frac{dz}{dx}=-z^2+a(x)z+b(x) \tag{1.48}$$

**問 13**　一般のリッカティ方程式

$$\frac{dz}{dx}=a(x)z^2+b(x)z+c(x)$$

について，以下のことを確かめよ．

(1)　$w(x)=1/z(x)$ も，あるリッカティ方程式をみたす．

(2)　$z(x)$ と $z_0(x)$ が上の方程式の相異なる 2 つの解ならば，$u(x)=(z(x)-z_0(x))^{-1}$ は，ある線形方程式の解である．

## (c)　双曲三角関数

微分方程式

$$\frac{d^2y}{dx^2}=y \tag{1.49}$$

の解で，次の条件(a)，(b)をみたすものをそれぞれ**双曲正弦**(hyperbolic sine)

**関数**，**双曲余弦**(hyperbolic cosine)**関数**といい，$y=\sinh x$，$y=\cosh x$ と表す.

(a)　$y(0)=0,\quad \dfrac{dy}{dx}(0)=1$

(b)　$y(0)=1,\quad \dfrac{dy}{dx}(0)=1$

また，これらの比を

$$\tanh x=\frac{\sinh x}{\cosh x}$$

と書き，**双曲正接**(hyperbolic tangent)**関数**という.

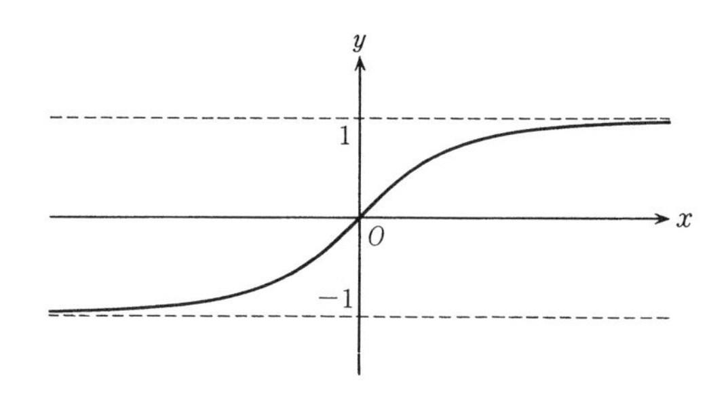


**図 1.12**　双曲正接関数 $y=\tanh x=\dfrac{e^x-e^{-x}}{e^x+e^{-x}}$ のグラフ

**問 14**　三角関数の場合にならって，上の微分方程式から次の加法公式を導け.

(1)　$(\cosh x)^2-(\sinh x)^2=1$.

(2)　$\sinh(x+y)=\sinh x\cosh y+\cosh x\sinh y$.

(3)　$\cosh(x+y)=\cosh x\cosh y+\sinh x\sinh y$.

(4)　$\tanh(x+y)=\dfrac{\tanh x+\tanh y}{1+\tanh x\tanh y}$.

### (d)　複素変数の指数関数

本書の他の場所では実変数の場合を扱うが，複素微分に関しての微分方程式を考えることができ，美しく豊かな数学が展開される.

複素変数 $z$ の複素数値関数 $w$ に対する初期値問題

$$\frac{dw}{dz} = w, \quad w(0) = c$$

を考えよう．とくに，$c=1$ のときの解を $w(z)=e^z$ または $\exp z$ と表し，$z$ の指数関数という．

このとき，解の一意性より，次の指数法則が成り立つ．

$$e^{z_1}e^{z_2} = e^{z_1+z_2} \quad (z_1, z_2 \in \mathbb{C}).$$

また，$z=x+\sqrt{-1}\,y$ のとき，$e^z$ を実部と虚部に分けて，

$$\exp(x+\sqrt{-1}\,y) = u(x,y)+\sqrt{-1}\,v(x,y)$$

とすれば，

$$\begin{aligned}\frac{\partial}{\partial x}(u+\sqrt{-1}\,v) &= \frac{\partial}{\partial x}\exp(x+\sqrt{-1}\,y)\\ &= \exp(x+\sqrt{-1}\,y) = u+\sqrt{-1}\,v,\\ \frac{\partial}{\partial y}(u+\sqrt{-1}\,v) &= \frac{\partial}{\partial y}\exp(x+\sqrt{-1}\,y)\\ &= \sqrt{-1}\exp(x+\sqrt{-1}\,y) = -v+\sqrt{-1}\,u\end{aligned}$$

より，

$$\frac{\partial u}{\partial x} = u, \quad \frac{\partial v}{\partial x} = v, \quad \frac{\partial u}{\partial y} = -v, \quad \frac{\partial v}{\partial y} = u.$$

初期値 $u(0,0)=1$，$v(0,0)=0$ および解の一意性より，

$$u(x,y) = e^x\cos y, \quad v(x,y) = e^x\sin y.$$

つまり，次の公式が得られる．

$$\exp(x+\sqrt{-1}\,y) = e^x(\cos y+\sqrt{-1}\,\sin y).$$

《まとめ》

**1.1**　常微分方程式の初期値問題とその解の意味，常微分方程式は曲線族を定めること，初等関数を定める微分方程式，解の存在・一意性とその意味，初等的な解法の例

**1.2**　主な用語

正規形，自励的，解曲線・軌道，任意定数，初期値問題，ペロンの存在定理，局所解，爆発，解の一意性，コーシーの存在と一意性定理，リプシッツ条件・定数，線形(常微分方程式)，逐次近似(法)，オイラー差分法

**1.3**　方程式

ニュートン方程式，変数分離形，リッカティ方程式，線形方程式

## 演習問題

**1.1**　数理物理学などに現れる偏微分方程式の特殊解が常微分方程式を解いて得られることがあり，とくに，$u(t,x)=f(x-ct)$ の形の解を**進行波**(traveling wave)解という．次の場合に進行波のみたすべき常微分方程式を導け．

(1)　$\dfrac{\partial u}{\partial t}=\dfrac{\partial^2 u}{\partial x^2}+u(1-u)$

(コルモゴロフ–ペトロフスキー–ピスクノフ(Kolmogorov-Petrovskiĭ-Piskunov)方程式)

(2)　$\dfrac{\partial u}{\partial t}=\dfrac{\partial^3 u}{\partial x^3}-6u\dfrac{\partial u}{\partial x}$

(コルテヴェーク–ド・フリース(Korteweg-de Vries，略してKdV)方程式)

**1.2**　直線の族 $y=Cx+f(C)$ は常微分方程式

$$\frac{dy}{dx}=p, \quad y=px+f(p)$$

をみたす．(この形の方程式を**クレロー**(Clairaut)**の方程式**という．) 直線族の他にも，この方程式の解はあるだろうか？　例として，2定点 $(\pm a,0)$ から下ろした垂線の長さの和が一定の直線の族に対する微分方程式を導き，他にも解があることを確かめよ．(第2式を微分してみよ．)

**1.3**　方程式

$$\frac{dx}{dt}=a(t)x+b(t)x^{\alpha} \quad (\alpha\neq 1)$$

は，$y=x^{1-\alpha}$ と変数変換すれば(定数変化法で)解けることを示し，$dx/dt+x=x^3\sin t$ の解を求めよ．

**1.4**　$0<k<1$ として，$\mathbb{R}^3$ 上での初期値問題

$$\frac{dx}{dt}=yz,\quad \frac{dy}{dt}=-xz,\quad \frac{dz}{dt}=-k^2xy,\quad x(0)=0,\quad y(0)=z(0)=1$$

の解の各成分 $x(t)$, $y(t)$, $z(t)$ はそれぞれ $\mathrm{sn}\,t$, $\mathrm{cn}\,t$, $\mathrm{dn}\,t$ と書かれ，**ヤコビの楕円関数**(Jacobi's elliptic function)と呼ばれる．これについて以下のことを示せ．

（1） $x(t)^2+y(t)^2\equiv 1,\quad z(t)\geqq\sqrt{1-k^2}$.

（2） $ds=z\,dt$ により変数変換すると，

$$\frac{dx}{ds}=y,\quad \frac{dy}{ds}=-x,\quad \frac{dz}{ds}=-k^2\frac{xy}{z}.$$

これより，$\mathrm{sn}\,t=\sin s(t)$, $\mathrm{cn}\,t=\cos s(t)$.

（3） $\mathrm{sn}\,t$, $\mathrm{cn}\,t$, $\mathrm{dn}\,t$ は周期関数で，周期は，

$$T=4\int_0^{\pi/2}(1-k^2\sin^2 s)^{-1/2}ds=4\int_0^1(1-x^2)^{-1/2}(1-k^2x^2)^{-1/2}dx.$$

（4） $w(s)=(x(t-s)y(s)z(s)+x(s)y(t-s)z(t-s))/(1-k^2x(t-s)^2x(s)^2)$ は $s$ によらないことを示し，次の加法公式を導け．

$$\mathrm{sn}(t+s)=\frac{\mathrm{sn}\,t\,\mathrm{cn}\,s\,\mathrm{dn}\,s+\mathrm{sn}\,s\,\mathrm{cn}\,t\,\mathrm{dn}\,t}{1-k^2(\mathrm{sn}\,t)^2(\mathrm{sn}\,s)^2}.$$

# 2 線形の常微分方程式

19 世紀に系統的に認識されるようになった線形性は，常微分方程式の場合にも基本的であり，重ね合わせの原理と総称される．この章ではまず，予備知識の不要な定数係数で単独の場合の初等的で具体的な解法から始めて，微分作用素と特性多項式の意味を述べ，最終的には，一般の線形常微分方程式の解の全体が作る空間の構造の理解を目指す．

なお，§2.2 では，応用上も必要であるが，解が作るベクトル空間の構造について理解しやすい線形差分方程式を扱う．この章の後半の理解を深めるためには，「行列と行列式 2」も参照することをすすめる．

## §2.1 定数係数の単独線形常微分方程式(I)

この節と次節では，$a_1, a_2, \cdots, a_n$ を定数として，

$$\frac{d^n u}{dt^n}+a_1\frac{d^{n-1}u}{dt^{n-1}}+\cdots+a_{n-1}\frac{du}{dt}+a_n u=0, \tag{2.1}$$

$$\frac{d^n u}{dt^n}+a_1\frac{d^{n-1}u}{dt^{n-1}}+\cdots+a_{n-1}\frac{du}{dt}+a_n u=f(t) \tag{2.2}$$

の形の方程式を考える．ここで，(2.1)を**斉次**(homogeneous)，(2.2)を**非斉次**(inhomogeneous)の線形方程式という．

以下では，微分の記号を $D=\dfrac{d}{dt}$ と略記する.

$$D=\frac{d}{dt},\quad D^2=\left(\frac{d}{dt}\right)^2=\frac{d^2}{dt^2},\quad \cdots. \tag{2.3}$$

また，指数関数を次のように表す.

$$e_\lambda(t)=e^{\lambda t}. \tag{2.4}$$

指数関数 $e_\lambda$ は微分 $D$ に関して特別な関係

$$De_\lambda=\lambda e_\lambda \tag{2.5}$$

をみたす．したがって，(2.1), (2.2)の左辺で $u=e_\lambda$ とおけば，

$$D^n e_\lambda+a_1D^{n-1}e_\lambda+\cdots+a_ne_\lambda=(\lambda^n+a_1\lambda^{n-1}+\cdots+a_n)e_\lambda \tag{2.6}$$

が成り立つ.

**定義 2.1**　多項式 $P(z)=z^n+a_1z^{n-1}+\cdots+a_n$ を，線形微分方程式(2.1), (2.2)の**特性多項式**(characteristic polynomial)という．また(2.1), (2.2)を

$$P(D)u=0, \tag{2.1$'$}$$

$$P(D)u=f(t) \tag{2.2$'$}$$

のように書く．したがって，(2.6)は次のように表される.

$$P(D)e_\lambda=P(\lambda)e_\lambda \tag{2.6$'$}$$ □

斉次方程式(2.1)の形から，次のことがただちにわかる.

**補題 2.2**

(i)　$C$ が定数で，$u(t)$ が(2.1)の解ならば，定数倍 $Cu(t)$ も(2.1)の解である.

(ii)　$u_1(t), u_2(t)$ がともに(2.1)の解ならば，和 $u_1(t)+u_2(t)$ も(2.1)の解である. □

上の補題 2.2 を**重ね合わせの原理**(principle of superposition)という.

**注意 2.3**　上の(i), (ii)より，(2.1)の解の全体を $\mathcal{U}_0$ とすると，$\mathcal{U}_0$ はベクトル空間である．これを(2.1)の**解空間**ということがある.

上で述べた(2.6)または(2.6′)より，次のことがいえる.

**補題 2.4**　$\lambda$ が(2.1)の特性多項式 $P(z)$ の根ならば，指数関数 $e_\lambda(t)=e^{\lambda t}$

は(2.1)の解である．(方程式 $P(z)=0$ の解を $P(z)$ の根という．)　□

**例 2.5**　$P(z)=z^2-3z+2=(z-1)(z-2)$ のとき，根は $z=1,2$ だから，$e^t, e^{2t}$ は斉次方程式 $P(D)u=0$ の解である．よって，$C_1e^t+C_2e^{2t}$ ($C_1, C_2$ は定数)も $P(D)u=0$ の解である．　□

例 2.5 の場合に，実はこの他に解はない．このことを示すのと同時に，一般に，1つの解を知って他の解を見いだすには，次のような素朴な方法がある．これを**ダランベールの階数低下法**(d'Alembert's method of reduction of order)という．

**例題 2.6**　次の方程式の解を求めよ．

$$\frac{d^2u}{dt^2}-3\frac{du}{dt}+2u=0.$$

[解]　2 は特性多項式 $P(z)=z^2-3z+2$ の根だから，$Ce^{2t}$ は解の 1 つである．$u(t)$ を $P(D)u=0$ の解として，$u(t)=v(t)e^{2t}$ とおいてみると，

$$P(D)u=P(D)(e^{2t}v)=D^2(e^{2t}v)-3D(e^{2t}v)+2e^{2t}v.$$

ここで，

$$\begin{aligned}D(e^{2t}v) &= D(e^{2t})v+e^{2t}Dv=e^{2t}(2v+Dv),\\ D^2(e^{2t}v) &= D(e^{2t}(2v+Dv))=2e^{2t}(2v+Dv)+e^{2t}(2Dv+D^2v)\\ &= e^{2t}(4v+4Dv+D^2v).\end{aligned}$$

したがって，

$$D^2(e^{2t}v)-3D(e^{2t}v)+2e^{2t}v=e^{2t}(D^2v+Dv)=0.$$

つまり，

$$D^2v+Dv=0.$$

ここで，$w=Dv$ とおくと，$Dw=-w$ だから，

$$w=Dv=C_1e^{-t}\quad (C_1\text{ は定数}).$$

これを積分して，$v=-C_1e^{-t}+C_2$ ($C_2$ は定数)．ゆえに，

$$u=e^{2t}v=-C_1e^t+C_2e^{2t}\quad (C_1, C_2\text{ は定数}).$$

■

上の計算は少々面倒であったが，次のことがわかった．

$$P(D)u=0 \quad \Longleftrightarrow \quad u=C_1e^t+C_2e^{2t} \quad (C_1, C_2 \text{ は定数}).$$

つまり，$P(z)=0$ の根 $z=1,2$ から見つけた解 $e^t, e^{2t}$ の線形結合 $C_1e^t+C_2e^{2t}$ がすべての解を尽くしている．

**問1**　上の例題 2.6 にならって，$\dfrac{d^2u}{dt^2}=u$ を解け．

**例 2.7**　$P(z)=z^2-4z+4=(z-2)^2$ のとき，根は $z=2$ のみで，対応する $P(D)u=0$ の解は $e^{2t}$ である．　□

例 2.5 では，根が 2 つあり，線形独立な解も $e^t$ と $e^{2t}$ の 2 つあった．例 2.7 では，もう 1 つはどこに行ったのだろうか？

再び，ダランベールの方法を用いてみよう．$u(t)$ を $P(D)u=0$ の解として，$u(t)=e^{2t}v(t)$ とおいてみると，

$$\begin{aligned} P(D)u &= D^2(e^{2t}v)-4D(e^{2t}v)+4e^{2t}v \\ &= D^2(e^{2t})v + 2D(e^{2t})Dv + e^{2t}D^2v \\ &\quad -4D(e^{2t})v \quad -4e^{2t}Dv \\ &\quad +4e^{2t}v \\ &= e^{2t}D^2v = 0. \end{aligned}$$

よって，$D^2v=0$ より，$v=C_1+C_2t$．ゆえに，$u(t)=C_1e^{2t}+C_2te^{2t}$．

上の計算から，もう 1 つの解は $te^{2t}$ に化けたことがわかる．

**注意 2.8**　$P_\varepsilon(z)=(z-2)(z-2-\varepsilon)$ とすると，$P_\varepsilon(D)u=0$ の解は $u(t)=C_1e^{2t}+C_2e^{(2+\varepsilon)t}$ の形である．この形のままで $\varepsilon\to 0$ とすると，$e^{2t}$ に比例する解のみになってしまうが，変形して，

$$u(t)=C_1'e^{2t}+C_2'\frac{e^{(2+\varepsilon)t}-e^{2t}}{\varepsilon}$$

としてから極限をとれば，$C_1'e^{2t}+C_2'te^{2t}$ という形が得られる．

以上のような素朴な方法を繰り返せば，与えられた斉次方程式を解くこと

ができる．しかし，方程式の階数 $n$ が大きくなると，その計算量は大変なものになる．また，個々の与えられた方程式を解くことと，一般的な解の表示(例えば，2次方程式の根の公式のような)を求めることの間にはギャップがある．さらに，この種の方程式の解のもつ一般的な性質や構造の理解には程遠い．

そうではあるが，とりあえずは，例題2.6のような計算を，見通しよく行なう工夫をしてみよう．実はその鍵が記法 $P(D)$ である．

**補題 2.9**

(i)　$\lambda, \mu \in \mathbb{C}$ のとき，

$$(D-\lambda)(D-\mu)u = (D^2-(\lambda+\mu)D+\lambda\mu)u$$
$$= (D-\mu)(D-\lambda)u. \tag{2.7}$$

(ii)　一般に，$P(z)=Q(z)R(z)$ のとき，

$$P(D)u = Q(D)R(D)u = R(D)Q(D)u. \tag{2.8}$$

とくに，$P(z)=(z-\lambda_1)(z-\lambda_2)\cdots(z-\lambda_n)$ のとき，

$$P(D)u = (D-\lambda_1)(D-\lambda_2)\cdots(D-\lambda_n)u. \tag{2.9}$$

ここで，$\lambda_1, \lambda_2, \cdots, \lambda_n$ の順序を入れ替えてもよい．

[証明]

(i)　$(D-\mu)u=Du-\mu u$ より，

$$\begin{aligned}(D-\lambda)(D-\mu)u &= (D-\lambda)(Du-\mu u)\\ &= D(Du-\mu u)-\lambda(Du-\mu u)\\ &= D^2u-D(\mu u)-\lambda Du+\lambda\mu u\\ &= D^2u-\mu Du-\lambda Du+\lambda\mu u\\ &= (D^2-(\lambda+\mu)D+\lambda\mu)u.\end{aligned}$$

この式は $\lambda, \mu$ を入れ替えても成り立つから，(i)は正しい．

(ii)　(i)より帰納法により(2.9)がわかる．また，任意の多項式は複素数の範囲では，1次式の積に因数分解できるから，(2.9)より(2.8)がわかる．■

**補題 2.10**　$\lambda \in \mathbb{C}$, $u(t)=e^{\lambda t}v(t)=e_\lambda(t)v(t)$ のとき，

$$(D-\lambda)(e_\lambda v) = e_\lambda Dv.$$

［証明］

$$(D-\lambda)(e_\lambda v) = D(e_\lambda v) - \lambda e_\lambda v = D(e_\lambda)v + e_\lambda Dv - \lambda e_\lambda v$$
$$= \lambda e_\lambda v + e_\lambda Dv - \lambda e_\lambda v = e_\lambda Dv.$$

∎

例題2.6を，補題2.9, 2.10を用いて解いてみよう．

$P(D)u=0$ のとき，$u=e_2v$ とおくと，

$$P(D)u = (D-1)(D-2)(e_2v) = (D-1)(e_2Dv) = 0.$$

よって，$w=e_2Dv$ とおくと，$(D-1)w=0$ だから，

$$w = C_1e_1.$$

したがって，

$$Dv = w/e_2 = C_1e_1/e_2 = C_1e_{-1}.$$

これを積分して，

$$v = -C_1e_{-1} + C_2.$$

ゆえに，

$$u = e_2v = -C_1e_1 + C_2e_2.$$

**系2.11**（補題2.10の系）　$\lambda\in\mathbb{C}$，$m$ が非負整数のとき，

$$e_{\lambda,m}(t) = \frac{t^m}{m!}e^{\lambda t} \quad \left(\frac{t^0}{0!}=1\right) \tag{2.10}$$

とおくと，

$$(D-\lambda)e_{\lambda,m} = \begin{cases} e_{\lambda,m-1} & (m \geqq 1) \\ 0 & (m=0) \end{cases} \tag{2.11}$$

とくに，

$$(D-\lambda)^m e_{\lambda,k} = 0 \quad (k=0,1,2,\cdots,m-1). \tag{2.12}$$

［証明］　$(D-\lambda)(e_{\lambda,m}) = (D-\lambda)\left(e_\lambda\dfrac{t^m}{m!}\right) = e_\lambda D\left(\dfrac{t^m}{m!}\right)$ より，(2.11)がわかる．(2.12)は(2.11)より明らか．

∎

**例2.12**　$P(z)=z^3-3z^2+3z-1$ のとき，$e^t$, $te^t$, $t^2e^t$ は $P(D)u=0$ の解である．逆に，$P(D)u=0$ の解はすべて $c_0e^t+c_1te^t+c_2t^2e^t$ ($c_0, c_1, c_2$ は定数)の形に表される．

□

**問2**　上の例2.12の後半の部分を確かめよ．

**定理 2.13**　特性多項式 $P(z)=z^n+a_1z^{n-1}+\cdots+a_n$ が

$$P(z)=(z-\lambda_1)^{m_1}(z-\lambda_2)^{m_2}\cdots(z-\lambda_k)^{m_k} \tag{2.13}$$

ただし，$\lambda_1,\lambda_2,\cdots,\lambda_k$ は相異なる複素数，

$$m_1\geqq 1,\ \cdots,\ m_k\geqq 1,\ m_1+\cdots+m_k=n$$

と因数分解されるとき，斉次方程式

$$P(D)u=\frac{d^nu}{dt^n}+a_1\frac{d^{n-1}u}{dt^{n-1}}+\cdots+a_nu=0$$

の任意の解は，次のようにただ1通りに表示できる．また，この形のものはすべて解である．

$$u(t)=\sum_{j=1}^{k}\sum_{m=0}^{m_j-1}C_{j,m}\frac{t^m}{m!}e^{\lambda_jt}\quad(C_{j,m}\in\mathbb{C}). \tag{2.14}$$

［証明］　相異なる根の数を $k$ として，$k$ についての帰納法で示す．まず $k=1$ の場合，$u(t)$ を解として，$v(t)=u(t)e^{-\lambda_1t}$ とおくと，

$$(D-\lambda_1)^{m_1}u=(D-\lambda_1)^{m_1}(e_{\lambda_1}v)=e_{\lambda_1}D^{m_1}v=0$$

が成り立つから，$v$ は $t$ についての $(m-1)$ 次以下の多項式である．よって，(2.14)の形の関数 $u$ はすべて解であり，任意の解 $u$ はこの形にただ1通りに表示される．いま，

$$Q(z)=(z-\lambda_1)^{m_1}(z-\lambda_2)^{m_2}\cdots(z-\lambda_{k-1})^{m_{k-1}}$$

のときに，$Q(D)v=0$ の任意の解 $v$ が

$$v(t)=\sum_{j=1}^{k-1}\sum_{m=0}^{m_j-1}B_{j,m}\frac{t^m}{m!}e^{\lambda_jt}\quad(B_{j,m}\in\mathbb{C}) \tag{2.14$'$}$$

とただ1通りに書けると仮定して，$P(z)=Q(z)(z-\lambda_k)^{m_k}$ のときに，(2.14)と表示できることを示そう．

$u(t)$ を $P(D)u=0$ の解として，$w(t)=e^{-\lambda_kt}u(t)$ とおくと，

$$P(D)u=Q(D)(D-\lambda_k)^{m_k}(e_{\lambda_k}w)=Q(D)(e_{\lambda_k}D^{m_k}w)=0.$$

ここで，$v(t)=e^{\lambda_kt}D^{m_k}w(t)$ は(2.14′)の形にただ1通りに表示されるから，

$$D^{m_k}w(t) = \sum_{j=1}^{k-1}\sum_{m=0}^{m_j-1} B_{j,m}\frac{t^m}{m!}e^{(\lambda_j-\lambda_k)t}.$$

これを $m_k$ 回積分すれば,

$$w(t) = \sum_{m=0}^{m_k-1} C_{k,m}t^m + \sum_{j=1}^{k-1}\sum_{m=0}^{m_j-1} C_{j,m}\frac{t^m}{m!}e^{(\lambda_j-\lambda_k)t}.$$

ただし, $C_{k,m}$ は新しく現れる任意定数で, $C_{j,m}$ $(1 \leqq j < k)$ は $B_{j,m}$ から一意にきまる任意定数である. ゆえに, $u(t) = w(t)e^{\lambda_k t}$ は(2.14)の形にただ1通りに書け, 解はこれらで尽くされる. ∎

**問3**　次の方程式を解け.

(1)　$\dfrac{d^3u}{dt^3} + \dfrac{d^2u}{dt^2} - \dfrac{du}{dt} + u = 0.$

(2)　$\dfrac{d^3u}{dt^3} - 3i\dfrac{d^2u}{dt^2} - 3\dfrac{du}{dt} - iu = 0.$

**注意 2.14**　方程式(2.1)の係数 $a_1, \cdots, a_n$ が実数のとき, $e^{(\alpha+i\beta)t} = e^{\alpha t}(\cos\beta t + i\sin\beta t)$ だから, 実数値の解は次のように書ける.

$$u(t) = \sum_{j=1}^{p}\sum_{m=0}^{m_j-1} C_{j,m}\frac{t^m}{m!}e^{\lambda_j t} + \sum_{j=1}^{q}\sum_{m=0}^{l_j-1}\frac{t^m}{m!}(A_{j,m}\cos\beta_j t + B_{j,m}\sin\beta_j t)e^{\alpha_j t}$$

$$(C_{j,m}, A_{j,m}, B_{j,m} \in \mathbb{R}) \tag{2.15}$$

ただし, $m_1 + \cdots + m_p + 2(l_1 + \cdots + l_q) = n$,

$\lambda_1, \cdots, \lambda_p$ は $P(z)$ の実根,

$\alpha_1 \pm i\beta_1$, $\cdots$, $\alpha_q \pm i\beta_q$ は $P(z)$ の虚根.

**注意 2.15**　定理2.13は, (2.1)の解の全体がちょうど $n$ 次元のベクトル空間をなすこと, また, $e_{\lambda_j,m}$ たちがその基底であることを示している.

## §2.2　差分方程式

この節では差分方程式を考える. この節の展開は§2.3以後の理論展開のひな型を与えるものである. しかし, ベクトル空間の知識が十分にある読者

は，すぐに次節以後を読むこともできる．

未知の数列 $u=\{u_n\}$ に対する関係式

$$c_0u_{n+p}+c_1u_{n+p-1}+\cdots+c_pu_n = f_n \tag{2.16}$$

を $p$ 階の**定数係数線形差分方程式**(difference equation)という．ただし，

$$c_0,\ c_1,\ c_2,\ \cdots,\ c_p$$

は定数で，$c_0\neq 0$，また，右辺の数列 $f=\{f_n\}$ は与えられたものとする．微分方程式のときと同様に，$f=0$ のとき**斉次**，そうでないとき**非斉次**という．以下，$c_0=1$ とする．

**例 2.16** $r\neq 0$ とすると，1 階の差分方程式

$$u_{n+1}-ru_n = 0$$

の解 $u=\{u_n\}$ は公比 $r$ の等比数列である． □

**例 2.17** 2 階の差分方程式

$$u_{n+2}-2u_{n+1}+u_n = 0$$

の解は，その階差数列 $\{u_{n+1}-u_n\}$ が定数列となるから，$A, B$ を定数として，$u_n=An+B$ と書ける． □

一般に，$p$ 階の差分方程式(2.16)に対しては，最初の $p$ 個の値

$$u_0,\ u_1,\ u_2,\ \cdots,\ u_{p-1} \tag{2.17}$$

が与えられると，関係式(2.16)より帰納的に $u_p, u_{p+1}, \cdots$ を解くことができる．すなわち，初期値(2.17)に対して，(2.16)の解 $u$ がただ 1 つ存在する．

一般に，(2.16)の形の差分方程式は §2.1 と同様の考え方で扱うことができる．

**定義 2.18** 数列 $u=\{u_n\}_{n=0}^{\infty}$ に対して，数列 $Su$ を次式で定める．

$$(Su)_n = u_{n+1} \quad (n\geqq 0). \tag{2.18}$$

$S$ をシフト(shift)ということがある． □

**定義 2.19** $p$ 階の差分方程式(2.16)に対して，$p$ 次多項式

$$P(z) = c_0z^p+c_1z^{p-1}+\cdots+c_p$$

を，その**特性多項式**という． □

**定義 2.20** 多項式 $P(z)=c_0z^p+c_1z^{p-1}+\cdots+c_p$ が与えられたとき，数列

$u=\{u_n\}_{n=0}^{\infty}$ に対して，数列 $P(S)u$ を

$$(P(S)u)_n = c_0u_{n+p}+c_1u_{n+p-1}+\cdots+c_pu_n \tag{2.19}$$

で定める．□

上の記法では，差分方程式(2.16)はその特性多項式 $P$ を用いて，

$$P(S)u = f \ (\text{または}\ 0) \tag{2.20}$$

と表される．(この右辺の0は，各項が0の数列を表す．)

**補題 2.21**

(i)　$\rho,\sigma\in\mathbb{C}$ のとき，

$$(S-\rho)(S-\sigma)u = (S^2-(\rho+\sigma)S+\rho\sigma)u = (S-\sigma)(S-\rho)u. \tag{2.21}$$

(ii)　$P(z)=Q(z)R(z)$ のとき，

$$P(S)u = Q(S)R(S)u = R(S)Q(S)u. \tag{2.22}$$

とくに，$P(z)=(z-\rho_1)(z-\rho_2)\cdots(z-\rho_p)$ のとき，

$$P(S)u = (S-\rho_1)(S-\rho_2)\cdots(S-\rho_p)u. \tag{2.23}$$

ここで，$\rho_1,\rho_2,\cdots,\rho_p$ の順序を入れ替えてもよい．

[証明]

(i)
$$\begin{aligned}(S-\rho)(S-\sigma)u &= S(Su-\sigma u)-\rho(Su-\sigma u)\\ &= S^2u-(\rho+\sigma)Su+\rho\sigma u\\ &= (S^2-(\rho+\sigma)S+\rho\sigma)u.\end{aligned}$$

(ii)　(i)より帰納法で(2.23)がわかり，(2.23)より(2.22)がわかる．■

以下では，$u_n=u(n)$，$(Su)_n=Su(n)$ などとも書く．

**問4**　以下のことを示せ．

(1)　$v_n=\rho^nu_n$ のとき，$(S-\rho)v(n)=\rho^{n+1}(S-1)u(n)$.

(2)　$(S-1)^mu=0$ ならば，

$$u_n = C_0+C_1n+C_2n^2+\cdots+C_{m-1}n^{m-1} \quad (C_0,C_1,\cdots,C_{m-1}\ \text{は定数}). \tag{2.24}$$

上の問を利用すると，前節と同様にして，定理2.13に相当する次の定理を証明することができる．

**定理 2.22**　斉次定数係数線形差分方程式

$$u_{n+p}+c_1u_{n+p-1}+\cdots+c_pu_n=0 \tag{2.25}$$

の特性多項式 $P(z)=z^p+c_1z^{p-1}+\cdots+c_p$ が

$$P(z)=(z-\rho_1)^{m_1}(z-\rho_2)^{m_2}\cdots(z-\rho_k)^{m_k} \tag{2.26}$$

ただし，$\rho_1,\rho_2,\cdots,\rho_k$ は相異なる複素数，

$m_1,m_2,\cdots,m_k$ は自然数で $m_1+\cdots+m_k=p$

と因数分解されるとき，(2.25)の任意の解 $u$ は，

$$u_n=\sum_{j=1}^{k}\sum_{m=0}^{m_j-1}C_{j,m}n^m\rho_j^n \tag{2.27}$$

ただし，$C_{j,m}\in\mathbb{C}\quad(j=1,2,\cdots,k;\ m=0,1,\cdots,m_j-1)$

と書ける．逆に，(2.27)で与えられる数列 $u=\{u_n\}$ は(2.25)の解である．□

**例題2.23**　自然数 $N$ と複素数 $\alpha$ に対して，次の条件(a),(b)をみたす0でない数列 $u=\{u_n\}_{n=0}^{N+1}$ が存在するための条件を求めよ．

(a)　$u_{n+1}-2\alpha u_n+u_{n-1}=0\quad(n=1,2,\cdots,N)$,

(b)　$u_0=u_{N+1}=0$.

[解]　$\rho^2-2\alpha\rho+1=0$ が異なる2根 $\rho_1=\rho$, $\rho_2=\rho^{-1}$ をもつとき，(a)より，

$$u_n=C_1\rho^n+C_2\rho^{-n}\quad(C_1,C_2\in\mathbb{C}).$$

$u_0=0$ より，$C_1+C_2=0$．つまり，

$$u_n=C(\rho^n-\rho^{-n})\quad(C\in\mathbb{C}).$$

$\rho\neq\rho^{-1}$ で，$\rho^{N+1}=\rho^{-(N+1)}$ が成り立つから，$\rho=re^{i\theta}$ とすると，

$$r=1,\quad\theta=m\pi/(N+1)\quad(m=1,2,\cdots,N).$$

よって，このとき，$\alpha=(\rho+\rho^{-1})/2=r\cos\theta$．つまり，

$$\alpha=r\cos(m\pi/(N+1))\quad(m=1,2,\cdots,N).$$

また，$\rho^2-2\alpha\rho+1=0$ が重根をもつのは，

(イ)　$\rho=1,\ \alpha=2$　　(ロ)　$\rho=-1,\ \alpha=-2$

の2つの場合である．(イ)のとき．(a)より，$u_n=C_0+C_1n$．$u_0=0$ より，$C_0=0$, $u_{N+1}=0$ より，$C_1=0$，つまり，$u=0$ となり，題意をみたさない．(ロ)のとき．$u_n=C_0(-1)^n+C_1n(-1)^n$ だから，同様．よって，(a),(b)をみ

たす $u\neq 0$ は存在しない.

以上から，ある $m=1,2,\cdots,N$ に対して $\alpha=\cos(m\pi/(N+1))$ と書けるとき，そのときに限る. ∎

**注意**　上の例題の(b)のような条件は境界条件と呼ばれる.

**問5**　上の例題2.23で，条件(b)を次の条件に置き換えた場合を調べよ.

(b′)　$u_0=u_1,\quad u_N=u_{N+1}$.

(b″)　$u_0=u_{N+1}$.

以下では，線形代数の知識(たとえば，本シリーズ『行列と行列式』)を少し利用して，前節より少しスマートな別証明を与えよう.（逆に，前節の証明を同様に書き換えることもできる.）

[定理2.22の証明]

1°　(2.25)の解 $u$ は，最初の $p$ 項 $u_0,u_1,\cdots,u_{p-1}$ を与えると，ただ1つ定まる. また，$u,v$ が(2.25)の解のとき，その線形結合 $C_1u+C_2v$ $(C_1,C_2\in\mathbb{C})$ も(2.25)の解である. したがって，(2.25)の解の全体を $\mathcal{U}$ とすれば，$\mathcal{U}$ は $p$ 次元ベクトル空間である.

2°　$u_n^{(0)}=\rho^n$, $u_n^{(i)}=d^iu_n^{(0)}/d\rho^i=n(n-1)\cdots(n-i+1)\rho^{n-i}$ $(i\geqq 1)$ とおくと，

$$(S-\rho)u^{(0)}=0,$$

$$\frac{d}{d\rho}\{(S-\rho)u^{(i)}\}=(S-\rho)u^{(i+1)}-u^{(i)}\quad (i\geqq 0).$$

よって，帰納的に，

$$(S-\rho)^m u^{(i)}=0\quad (i=0,1,\cdots,m-1).$$

ここで，$u^{(0)},u^{(1)},\cdots,u^{(m-1)}$ は線形独立である.

3°　$P(z)=(z-\rho)^m$ のとき，$P(S)u=0$ の解の全体を $\mathcal{U}_{\rho,m}$ と書くと，その次元は $m$ だから，2°より，

$$\mathcal{U}_{\rho,m}=\left\{\sum_{i=0}^{m-1}C_in(n-1)\cdots(n-i+1)\rho^{n-i}\;\middle|\;C_0,\cdots,C_{m-1}\in\mathbb{C}\right\}.$$

4° 一般に $P(z)$ が(2.26)で与えられるとき，$(S-\rho)^{m_k}u=0$ の解 $u$ は，補題 2.21 より，$P(S)u=0$ をみたす．ところで，$P(S)u=0$ の解空間 $\mathcal{U}$ の次元は $p$ で，$\mathcal{U}_{\rho_j,m_j}$ の次元は $m_j$，$\mathcal{U}_{\rho_j,m_j}$ $(j=1,2,\cdots,k)$ は線形独立，そして，$m_1+m_2+\cdots+m_k=p$ だから，

$$\mathcal{U} = \left\{ \sum_{j=1}^{k} u_j \,\middle|\, u_j \in \mathcal{U}_{\rho_j,m_j}\ (j=1,2,\cdots,k) \right\}$$

$$= \left\{ \sum_{j=1}^{k} \sum_{i=0}^{m_j-1} C_{j,i} n(n-1)\cdots(n-i+1)\rho_j^{n-i} \,\middle|\, C_{j,i} \in \mathbb{C} \right\}. \qquad ▮$$

**問 6** $\rho_1, \rho_2 \in \mathbb{C}$，$\rho_1 \neq \rho_2$ のとき，$\mathcal{U}_{\rho_1,m_1}$ と $\mathcal{U}_{\rho_2,m_2}$ は線形独立であることを示せ．

次に，非斉次方程式(2.16)について考えてみよう．

差分方程式についても重ね合わせの原理が成り立つ．

**定理 2.24**

(i) 非斉次差分方程式(2.16)の 2 つの解 $u,v$ の差 $w=u-v$ は斉次差分方程式(2.25)の解である．

(ii) 逆に，$v$ が(2.16)の解，$w$ が(2.25)の解ならば，$u=v+w$ は(2.16)の解である．

言いかえれば，次のようにいえる．

(2.16)の解空間を $\mathcal{U}_f$，(2.25)の解空間を $\mathcal{U}_0$ とするとき，任意の $u^* \in \mathcal{U}_f$ に対して，

$$\mathcal{U}_f = \{u+u^* \mid u \in \mathcal{U}_0\}.$$

[証明]

(i) $P(S)u=f$，$P(S)v=f$ より，

$$P(S)w = P(S)(u-v) = P(S)u-P(S)v = f-f = 0.$$

(ii) $P(S)v=f$，$P(S)w=0$ より，

$$P(S)u = P(S)(v+w) = P(S)v+P(S)w = f+0 = f. \qquad ▮$$

上の定理の効用は次の点にある．

非斉次線形差分方程式を解くためには，その解を 1 つ見つければよい．

このように1つ見出した解を**特解**(particular solution)といい，その他すべての解を**一般解**(general solution)という．

**例 2.25**　$u_{n+2}-2u_{n+1}+u_n=1$ の特解は，$u_n^*=n^2/2$．一般解は，$u_n=C_0+C_1n+n^2/2$．　□

線形差分方程式を考えるには，**母関数**(generating function または generatrix)を用いると見通しのよいことがある．

**例題 2.26**　次の差分方程式の一般解を求めよ．

$$u_{n+2}=u_{n+1}+u_n \quad (n \geqq 0).$$

［解］　文字 $X$ についての形式的なベキ級数($\{u_n\}$ の母関数という)

$$U(X)=\sum_{n=0}^{\infty}u_nX^n$$

を考えると，

$$\begin{aligned}U(X)&=u_0+u_1X+\sum_{n=0}^{\infty}u_{n+2}X^{n+2}\\&=u_0+u_1X+\sum_{n=0}^{\infty}u_{n+1}X^{n+2}+\sum_{n=0}^{\infty}u_nX^{n+2}\\&=u_0+u_1X+(U(X)-u_0)X+U(X)X^2.\end{aligned}$$

よって，

$$(1-X-X^2)U(X)=u_0+(u_1-u_0)X.$$

したがって，

$$U(X)=\{u_0+(u_1-u_0)X\}/(1-X-X^2).$$

ところで，$\lambda_1=\lambda=(1+\sqrt{5})/2$，$\lambda_2=-1/\lambda=(1-\sqrt{5})/2$ とすると，

$$1-X-X^2=(1-\lambda_1X)(1-\lambda_2X)$$

だから，

$$\begin{aligned}\frac{1}{1-X-X^2}&=\frac{1}{1-\lambda_1X}\frac{1}{1-\lambda_2X}=\frac{1}{\lambda_1-\lambda_2}\left(\frac{\lambda_1}{1-\lambda_1X}-\frac{\lambda_2}{1-\lambda_2X}\right)\\&=\frac{1}{\lambda_1-\lambda_2}\sum_{n=0}^{\infty}(\lambda_1^{n+1}-\lambda_2^{n+1})X^n.\end{aligned}$$

ゆえに,

$$U(X) = \frac{u_0+(u_1-u_0)X}{1-X-X^2} = \{u_0+(u_1-u_0)X\}\sum_{n=0}^{\infty}\frac{\lambda_1^{n+1}-\lambda_2^{n+1}}{\lambda_1-\lambda_2}X^n$$

$$= u_0+u_1X+\sum_{n=0}^{\infty}\left\{\frac{\lambda_1^{n+1}-\lambda_2^{n+1}}{\lambda_1-\lambda_2}u_0+\frac{\lambda_1^n-\lambda_2^n}{\lambda_1-\lambda_2}(u_1-u_0)\right\}X^n.$$

ここで両辺の展開係数を比べて,

$$u_n = \frac{\lambda_1^{n+1}-\lambda_2^{n+1}}{\lambda_1-\lambda_2}u_0+\frac{\lambda_1^n-\lambda_2^n}{\lambda_1-\lambda_2}(u_1-u_0).$$

■

**注意**　上の計算において，分母は，特性多項式 $P(z)=z^2-z-1$ を用いると，$1-X-X^2=X^2P(1/X)$ と書ける．一般に，母関数を用いて線形差分方程式を解くと，このような形で分母に特性多項式が現れる．

**問 7**　次の数列を母関数を用いて求めよ．

(1)　$u_{n+2}-2\alpha u_{n+1}+u_n=0,\quad u_0=1,\ u_1=0$.

(2)　$u_{n+2}=u_n+nu_{n-1},\quad u_0=0,\ u_1=1$.

(3)　$u_{n+1}=u_0u_n+u_1u_{n-1}+\cdots+u_nu_0,\quad u_0=1$.

**定義 2.27**　2 つの数列 $u=\{u_n\}_{n=0}^{\infty}$, $v=\{v_n\}_{n=0}^{\infty}$ に対して，数列 $w=\{w_n\}_{n=0}^{\infty}$ を,

$$w_n = \sum_{k=0}^{n}u_{n-k}v_k = u_0v_n+u_1v_{n-1}+\cdots+u_nv_0$$

で定め，$u$ と $v$ の**たたみ込み**(convolution)といい,

$$w = u*v$$

と表す．

□

**問 8**　数列 $u, v$ の母関数をそれぞれ $U(X), V(X)$ とすると，たたみ込み $u*v$ の母関数 $W(X)$ は $W(X)=U(X)V(X)$ で与えられることを示せ．

**注意 2.28**　両側無限列 $a=\{a_n\}_{n=-\infty}^{\infty}$, $b=\{b_n\}_{n=-\infty}^{\infty}$ に対しても，たたみ込み

$a*b$ を，$(a+b)_n=\sum_{n=-\infty}^{+\infty} a_n b_n$ で定義することがある．（このときは，収束に要注意．）この記法を用いると，差分方程式(2.16)は次のように書くこともできる．

$$(a*u)_n = f_n \quad (n \geqq 0).$$

ただし，$a_n=0\ (n\geqq 1)$，$a_0=c_p$，$a_{-1}=c_{p-1}$，$\cdots, a_{-p}=c_0$，$a_n=0\ (n<-p)$．

最後に，微分方程式と差分方程式の関係について述べておこう．

1°　常微分方程式の初期値問題

$$\frac{dx}{dt} = f(t,x), \quad x(t_0) = x_0$$

に対して，$h>0$，$t_n=t_0+nh$ として

$$x_{n+1}^{(h)} = x_n^{(h)} + hf(t_n, x_n^{(h)}) \tag{2.28}$$

をそのオイラー差分法または**前進差分法**(forward difference method)という．付録で示すように，$f(t,x)$ が連続で，$x$ について連続な偏導関数をもてば，

$$h \to 0 \text{ のとき，} \quad x_{[t/h]}^{(h)} \to x(t)$$

が成り立つ．ここで，$x(t)$ は上の初期値問題の解である．

より精度の高い差分法も数多くあるが，上のような数学的事実が数値計算に根拠を与えている．

2°　他方，微分方程式とは無縁な差分方程式もある．例えば，次の差分方程式ではパラメータ $a\ (0\leqq a\leqq 4)$ が 4 に近いと，区間上の微分方程式の解には見られない複雑な振舞いをすることが知られている．

$$x_{n+1} = ax_n(1-x_n) \quad (x_n \in [0,1]).$$

3°　また，差分法でも，例えば，

$$\frac{dx}{dt} = ax(1-x)$$

を**中心差分法**を用いて，

$$x_{n+1} - x_{n-1} = 2hax_n(1-x_n)$$

と差分化すると，**幻影解**(ghost solution)と呼ばれる現象が起こり，$\{x_{2n}\}$ と $\{x_{2n-1}\}$ が $h\to 0$ のとき，それぞれ別の曲線に収束する．

**注意**　その2曲線は次の方程式から決まる $x(t), y(t)$ である.

$$\begin{cases} \dfrac{dx}{dt} = 2ay(1-y), \\ \dfrac{dy}{dt} = 2ax(1-x). \end{cases}$$

(平面上で $(x_{n+1}, x_n)$ に関する差分方程式を作ってみよ.)

## §2.3　定数係数の単独線形常微分方程式(II)

この節では非斉次の線形常微分方程式を考える.

まず，次の方程式を考えよう.

$$\frac{du}{dt} - \lambda u = f(t). \tag{2.29}$$

ただし，$f(t)$ は連続関数とし，以下，$t=0$ を含む区間で定義されているものとする.

さて，(2.29)に付随する斉次方程式 $du/dt - \lambda u = 0$ の解は $u(t) = Ce^{\lambda t}$ である．ここで，$C=C(t)$ として，$u(t)=C(t)e^{\lambda t}$ と仮定してみると，

$$\begin{aligned} Du &= D(Ce_\lambda) = (DC)e_\lambda + CDe_\lambda = (DC)e_\lambda + \lambda Ce_\lambda \\ &= \lambda u + \frac{dC}{dt}e^{\lambda t}. \end{aligned}$$

したがって，(2.29)より，

$$\frac{dC}{dt} = e^{-\lambda t}f(t). \tag{2.30}$$

これを解くと，$C(t) = C + \int_0^t e^{-\lambda s} f(s)ds$ となるから，

$$u(t) = Ce^{\lambda t} + \int_0^t e^{\lambda(t-s)} f(s)ds \quad (C \text{ は定数}). \tag{2.31}$$

このような解法を，(ラグランジュの)**定数変化法**(method of variation of constants)という.

以下，(2.31)の右辺の第2項と同様な形の積分がしばしば現れるので，こ

とばを用意しておく．

**定義 2.29**　2つの連続関数 $f, g\colon \mathbb{R}\to\mathbb{R}$ に対して，次式で定義される関数 $f*g$ を，$f$ と $g$ の**たたみ込み**(convolution)という．

$$f*g(t) = \int_0^t f(t-s)g(s)ds. \tag{2.32}$$

この記号を用いると，(2.31)は次のように書ける．

$$u = Ce_\lambda + e_\lambda * f \quad (C \text{ は定数}). \tag{2.31$'$}$$

ここで，$Ce_\lambda$ は斉次方程式の一般解であり，$e_\lambda*f$ は非斉次方程式の特別な解である．　□

**問 9**　次の方程式を解け．

(1) $\dfrac{du}{dt}-2u=e^t$　　(2) $\dfrac{du}{dt}-u=e^t$

非斉次微分方程式については，次の形の重ね合わせの原理が成り立つ．

**補題 2.30**　$u^*(t)$ が非斉次方程式

$$P(D)u = f(t) \tag{2.33}$$

の解であれば，(2.33)の他のすべての解 $u(t)$ は，対応する斉次方程式

$$P(D)u = 0 \tag{2.34}$$

の解 $u_0(t)$ を用いて，次のように書ける．

$$u(t) = u^*(t)+u_0(t). \tag{2.35}$$

［証明］　$P(D)u^*=f$, $P(D)u=f$ ならば，$u_0=u-u^*$ とおくと，

$$P(D)u_0 = P(D)(u-u^*) = P(D)u-P(D)u^* = f-f = 0.$$

よって，$u_0$ は $P(D)u=0$ の解である．

また，逆に，$P(D)u^*=f$, $P(D)u_0=0$ ならば，$u=u^*+u_0$ とおくと，

$$P(D)u = P(D)u^*+P(D)u_0 = f+0 = f.$$ ∎

**注意 2.31**　(2.33)の解の全体を $\mathcal{U}_f$，(2.34)の解空間を $\mathcal{U}_0$ とすると，補題2.30は，次のことを示している．

$$u^*\in\mathcal{U}_f \text{ のとき，} u\in\mathcal{U}_f \iff u_0 = u-u^*\in\mathcal{U}_0.$$

あるいは，

$$\mathcal{U}_f = \{u^* + u_0 \mid u_0 \in \mathcal{U}_0\}. \tag{2.36}$$

補題2.30によって，非斉次方程式(2.33)を解くためには，解を1つ見つければよい．そのような解を**特解**といい，その他すべての解を**一般解**という．

例えば，$P(z)=z^2-3z+2=(z-2)(z-1)$ のとき，$P(D)u=f$ の特解を求めてみよう．

$(D-2)(D-1)u=f$ だから，$v=(D-1)u$ とおくと，

$$(D-2)v = f.$$

$v^*=e_2*f$ はこの方程式の特解だから，

$$(D-1)u = e_2*f$$

より，$u^*=e_1*(e_2*f)$ は $P(D)u=f$ の特解である．

**問10**　$P(z)=(z-3)(z-2)(z-1)$ のとき，$P(D)u=f$ の特解を求めよ．

このような計算を進めるために，たたみ込み $f*g$ の性質をまとめておく．

**補題2.32**

(i)　$f*g=g*f$,　$f*(g*h)=(f*g)*h$.

(ii)　$c\in\mathbb{C}$ のとき，$(cf)*g=f*(cg)=cf*g$.

(iii)　$\lambda\neq\mu$ のとき，$e_\lambda*e_\mu=\dfrac{e_\lambda-e_\mu}{\lambda-\mu}$.

[証明]

(i)　$\displaystyle\int_0^t f(t-s)g(s)ds=\int_0^t f(r)g(t-r)dr$ より，$f*g=g*f$.

$$\begin{aligned}\int_0^t f(t-s)\left(\int_0^s g(s-r)h(r)dr\right)ds &= \iint_{0\leqq r\leqq s\leqq t} f(t-s)g(s-r)h(r)drds\\ &= \int_0^t\left(\int_r^t f(t-s)g(s-r)ds\right)h(r)dr\\ &= \int_0^t\left(\int_0^{t-r} f(t-r-s)g(s)ds\right)h(r)dr\end{aligned}$$

より，$f*(g*h)=(f*g)*h$.

(ii)は明らか．

(iii)

$$e_\lambda * e_\mu(t) = \int_0^t e^{\lambda(t-s)} e^{\mu s} ds = \int_0^t e^{\lambda t + (\mu-\lambda)s} ds = \left.\frac{e^{\lambda t + (\mu-\lambda)s}}{\mu-\lambda}\right|_{s=0}^{t}$$

$$= \frac{e^{\mu t} - e^{\lambda t}}{\mu-\lambda} = \frac{1}{\lambda-\mu}(e_\lambda(t) - e_\mu(t)).$$

■

**注意 2.33**　補題2.32(i)より，3つの関数 $f, g, h$ のたたみ込みは

$$(f*g)*h = f*(g*h)$$

だから，以後，単に，$f*g*h$ と書くことにする．このとき，$f*g*h = f*h*g = h*f*g = \cdots$ となり，$f, g, h$ の順番をどのようにとっても同じ関数になる．

補題2.32の上で述べた考え方を繰り返すと，次のことがわかる．

**補題 2.34**　$P(z) = (z-\lambda_1)(z-\lambda_2)\cdots(z-\lambda_n)$ のとき，

$$u^* = e_{\lambda_1} * e_{\lambda_2} * \cdots * e_{\lambda_n} * f \tag{2.37}$$

は非斉次方程式 $P(D)u = f$ の特解である．□

補題2.32(iii)より，

$$P(z) = (z-\lambda_1)(z-\lambda_2)\cdots(z-\lambda_n) \tag{2.38}$$

ただし，$\lambda_1, \lambda_2, \cdots, \lambda_n$ は互いに異なる複素数

の場合には，(2.37)を見やすくすることができる．

**定理 2.35**　特性多項式 $P(z)$ が(2.38)の形に書けるとき，

$$u^* = e_{\lambda_1} * e_{\lambda_2} * \cdots * e_{\lambda_n} * f = \sum_{i=1}^{n} \frac{1}{P'(\lambda_i)} e_{\lambda_i} * f. \tag{2.39}$$

そして，$P(D)u = f(t)$ の一般解は次のようになる．

$$u = \sum_{i=1}^{n} C_i e_{\lambda_i} + \sum_{i=1}^{n} \frac{1}{P'(\lambda_i)} e_{\lambda_i} * f. \tag{2.40}$$

□

**注意**　$P(z)$ が(2.38)の形のとき，対数微分をとると，

$$\frac{P'(z)}{P(z)} = \frac{1}{z-\lambda_1} + \frac{1}{z-\lambda_2} + \cdots + \frac{1}{z-\lambda_n}. \tag{2.41}$$

この両辺に $P(z)$ を掛け整理した式で $z = \lambda_i$ とおくと，

$$P'(\lambda_i)=\prod_{\substack{j=1\\j\neq i}}^{n}(\lambda_i-\lambda_j)=(\lambda_i-\lambda_1)\cdots(\lambda_i-\lambda_{i-1})(\lambda_i-\lambda_{i+1})\cdots(\lambda_i-\lambda_n). \quad (2.42)$$

［証明］　帰納法による．$n=1$ のとき，$P(z)=z-\lambda$, $P'(z)\equiv 1$ より，明らか．

$n$ のとき，(2.39)が成り立つと仮定する．$\lambda_{n+1}$ が $\lambda_1,\cdots,\lambda_n$ と異なる複素数ならば，補題 2.32(iii)より，

$$\begin{aligned}P'(\lambda_i)^{-1}e_{\lambda_i}*e_{\lambda_{n+1}} &= \left(\prod_{\substack{j=1\\j\neq i}}^{n}(\lambda_i-\lambda_j)\right)^{-1}\frac{e_{\lambda_i}-e_{\lambda_{n+1}}}{\lambda_i-\lambda_{n+1}}\\ &= \left(\prod_{\substack{j=1\\j\neq i}}^{n+1}(\lambda_i-\lambda_j)\right)^{-1}e_{\lambda_i}+\left(\prod_{\substack{j=1\\j\neq i}}^{n}(\lambda_i-\lambda_j)\right)^{-1}\frac{1}{\lambda_{n+1}-\lambda_i}e_{\lambda_{n+1}}.\end{aligned}$$

ここで，$e_{\lambda_i}$ の係数は，$\widetilde{P}(z)=P(z)(z-\lambda_{n+1})$ とすると，$\widetilde{P}'(\lambda_i)^{-1}$ に等しい．また，$i=1,2,\cdots,n$ について和をとると，$e_{\lambda_{n+1}}$ の係数は，

$$\sum_{i=1}^{n}\frac{1}{P'(\lambda_i)}\frac{1}{\lambda_{n+1}-\lambda_i}$$

に等しい．これが，$\widetilde{P}'(\lambda_{n+1})^{-1}$ に等しいことを示そう．

$$R(z)=\sum_{i=1}^{n}\frac{1}{P'(\lambda_i)}\frac{P(z)}{z-\lambda_i}-1$$

とおく．これを整理すると，$R(z)$ は $n-1$ 次多項式である．一方，$\lambda\to\lambda_i$ とすると，

$$R(\lambda_i)=0 \quad (i=1,2,\cdots,n).$$

つまり，$R(z)$ は $n$ 個の零点をもつ $n-1$ 次多項式である．よって，$R(z)\equiv 0$. したがって，

$$\frac{1}{P(z)}=\sum_{i=1}^{n}\frac{1}{P'(\lambda_i)}\frac{1}{z-\lambda_i}. \quad (2.43)$$

ゆえに，

$$\sum_{i=1}^{n}\frac{1}{P'(\lambda_i)}\frac{1}{\lambda_{n+1}-\lambda_i}=\frac{1}{P(\lambda_{n+1})}=\frac{1}{\widetilde{P}'(\lambda_{n+1})}.$$

以上まとめれば，$\widetilde{P}(z)=(z-\lambda_1)(z-\lambda_2)\cdots(z-\lambda_{n+1})$ として，

$$e_{\lambda_1}*e_{\lambda_2}*\cdots*e_{\lambda_{n+1}}=\sum_{i=1}^{n+1}\frac{1}{\widetilde{P}'(\lambda_i)}e_{\lambda_i}$$

がわかった. ∎

**問 11**　次の微分方程式を解け.

(1) $\dfrac{d^2u}{dt^2}-u=\sin t$　　(2) $\dfrac{d^2u}{dt^2}+u=\sin t$

**注意 2.36**　定理 2.35 の結論(2.39)は，公式(2.42)を見ると，次のように書き直すことができる.

記号 $\dfrac{1}{D-\lambda}$ を

$$\frac{1}{D-\lambda}f=e_\lambda*f \tag{2.44}$$

によって定めると，

$$\begin{cases} P(D)u=f\ \text{の特解は,} \\ \qquad u^*=\dfrac{1}{P(D)}f=\dfrac{1}{D-\lambda_1}\cdots\dfrac{1}{D-\lambda_n}f\ \ (=e_{\lambda_1}*\cdots*e_{\lambda_n}*f). \\ \text{とくに,}\ P(z)=0\ \text{の根がすべて単純な場合は,} \\ \qquad u^*=\dfrac{1}{P(D)}f=\displaystyle\sum_{i=1}^{n}\frac{1}{P'(\lambda_i)}\frac{1}{D-\lambda_i}f\ \left(=\sum_{i=1}^{n}\frac{1}{P'(\lambda_i)}e_{\lambda_i}*f\right). \end{cases} \tag{2.45}$$

ここで，$P(z)=0$ の根がすべて単根であるという条件(2.38)をはずして，一般の場合に話を進めよう．以下，

$$P(z)=(z-\lambda_1)^{m_1}(z-\lambda_2)^{m_2}\cdots(z-\lambda_k)^{m_k} \tag{2.46}$$

ただし，$\lambda_1,\lambda_2,\cdots,\lambda_k$ は相異なる複素数，

$$m_1\geqq 1,\ \cdots,\ m_k\geqq 1,\quad m_1+\cdots+m_k=n$$

と仮定する．

次の定義を思い起こそう．

$$e_{\lambda,m}(t) = \frac{t^m}{m!}e^{\lambda t}. \tag{2.47}$$

**補題 2.37**

（i）$e_\lambda * e_\lambda = e_{\lambda,1}$，一般に，$e_{\lambda,m} * e_\lambda = e_{\lambda,m+1}$.

（ii）$\underbrace{e_\lambda * e_\lambda * \cdots * e_\lambda}_{m} = e_{\lambda,m-1}$.

[証明]

（i）$e_{\lambda,m} * e_\lambda$ を計算すれば，

$$\int_0^t e^{\lambda(t-s)}\frac{s^m}{m!}e^{\lambda s}ds = e^{\lambda t}\int_0^t \frac{s^m}{m!}ds = e^{\lambda t}\frac{t^{m+1}}{(m+1)!} = e_{\lambda,m+1}.$$

（ii）(i)より明らか． ∎

**定理 2.38**　$P(z)$ が(2.46)の形で，

$$\frac{1}{P(z)} = \sum_{j=1}^{k}\left(\frac{a_{j,m_j}}{(z-\lambda_j)^{m_j}} + \frac{a_{j,m_j-1}}{(z-\lambda_j)^{m_j-1}} + \cdots + \frac{a_{j,1}}{z-\lambda_j}\right) \tag{2.48}$$

ならば，$P(D)u=f$ の特解として，

$$u^* = \sum_{j=1}^{k}\sum_{m=1}^{m_j} a_{j,m}e_{\lambda_j,m-1} * f \tag{2.49}$$

がとれて，一般解は次のように書ける．

$$u = \sum_{j=1}^{k}\sum_{m=0}^{m_j-1} c_{j,m}e_{\lambda_j,m} + u^*. \tag{2.50}$$

□

**注意 2.39**　(2.48)を**部分分数展開**という．$P(z)$ が(2.46)の形のとき，$1/P(z)$ は必ず(2.48)の形の部分分数展開をもつ．その1つの証明を与えておこう．まず，

$$\frac{1}{(z-\lambda)^m} = \frac{1}{(m-1)!}\left(\frac{\partial}{\partial\lambda}\right)^{m-1}\frac{1}{z-\lambda} \tag{2.51}$$

に着目すると，

$$\frac{1}{P(z)} = \frac{1}{(z-\lambda_1)^{m_1}\cdots(z-\lambda_k)^{m_k}}$$

$$= \frac{1}{(m_1-1)!\cdots(m_k-1)!}\left(\frac{\partial}{\partial\lambda_1}\right)^{m_1-1}\cdots\left(\frac{\partial}{\partial\lambda_k}\right)^{m_k-1}\frac{1}{(z-\lambda_1)\cdots(z-\lambda_k)}$$

$$= \sum_{i=1}^{k}\frac{1}{(m_1-1)!\cdots(m_k-1)!}\left(\frac{\partial}{\partial\lambda_1}\right)^{m_1-1}\cdots\left(\frac{\partial}{\partial\lambda_k}\right)^{m_k-1}\left(\frac{1}{\prod\limits_{\substack{j=1\\j\neq i}}^{k}(\lambda_i-\lambda_j)}\frac{1}{z-\lambda_i}\right)$$

$$= \sum_{i=1}^{k}\frac{1}{(m_i-1)!}\left(\frac{\partial}{\partial\lambda_i}\right)^{m_i-1}\left(\frac{1}{\prod\limits_{\substack{j=1\\j\neq i}}^{k}(\lambda_i-\lambda_j)^{m_j}}\frac{1}{z-\lambda_i}\right)$$

$$= \sum_{i=1}^{k}\sum_{m=0}^{m_i-1}\frac{1}{m!(m_i-1-m)!}\left(\left(\frac{\partial}{\partial\lambda_i}\right)^{m}\frac{1}{\prod\limits_{\substack{j=1\\j\neq i}}^{k}(\lambda_i-\lambda_j)^{m_j}}\right)\left(\frac{\partial}{\partial\lambda_i}\right)^{m_i-m-1}\frac{1}{z-\lambda_i}$$

$$= \sum_{i=1}^{k}\sum_{m=0}^{m_i-1}\frac{1}{m!}\left(\left(\frac{\partial}{\partial\lambda_i}\right)^{m}\frac{1}{\prod\limits_{\substack{j=1\\j\neq i}}^{k}(\lambda_i-\lambda_j)^{m_j}}\right)\frac{1}{(z-\lambda_i)^{m_i-m}}. \tag{2.52}$$

この右辺は，(2.48)の形である．

［定理2.38の証明］　まず，

$$\underbrace{e_\lambda*\cdots*e_\lambda}_{m} = e_{\lambda,m-1} = \frac{1}{(m-1)!}\left(\frac{\partial}{\partial\lambda}\right)^{m-1}e_\lambda \tag{2.53}$$

に注意すると，

$$\underbrace{e_{\lambda_1}*\cdots*e_{\lambda_1}}_{m_1}*\underbrace{e_{\lambda_2}*\cdots*e_{\lambda_2}}_{m_2}*\cdots*\underbrace{e_{\lambda_k}*\cdots*e_{\lambda_k}}_{m_k}$$

$$= e_{\lambda_1,m_1-1}*e_{\lambda_2,m_2-1}*\cdots*e_{\lambda_k,m_k-1}$$

$$= \frac{1}{(m_1-1)!\cdots(m_k-1)!}\left(\frac{\partial}{\partial\lambda_1}\right)^{m_1-1}\cdots\left(\frac{\partial}{\partial\lambda_k}\right)^{m_k-1}e_{\lambda_1}*\cdots*e_{\lambda_k}$$

$$= \sum_{i=1}^{k}\frac{1}{(m_1-1)!\cdots(m_k-1)!}\left(\frac{\partial}{\partial\lambda_1}\right)^{m_1-1}\cdots\left(\frac{\partial}{\partial\lambda_k}\right)^{m_k-1}\left(\frac{1}{\prod\limits_{\substack{j=1\\j\neq i}}^{k}(\lambda_i-\lambda_j)}e_{\lambda_i}\right)$$

（以下，(2.52)と同様に計算すると）

$$= \sum_{i=1}^{k} \sum_{m=0}^{m_i-1} \frac{1}{m!} \left( \left( \frac{\partial}{\partial \lambda_i} \right)^m \frac{1}{\prod_{\substack{j=1 \\ j \neq i}}^{k} (\lambda_i - \lambda_j)} \right) e_{\lambda_i, m_i - m}$$

（(2.52)と(2.48)の対応から）

$$= \sum_{i=1}^{k} \sum_{m=1}^{m_i} a_{i,m} e_{\lambda_i, m-1}.$$

∎

## §2.4　重ね合わせの原理

$\mathbb{R}^m$ における正規形の線形常微分方程式

$$\frac{dx}{dt} = A(t)x + b(t), \tag{2.54}$$

あるいは，

$$\frac{dx_i}{dt} = \sum_{j=1}^{m} a_{ij}(t)x_j + b_i(t) \quad (i = 1, 2, \cdots, m) \tag{2.54$'$}$$

に対しても，重ね合わせの原理が成り立つ．以下では，$A(t) = (a_{ij}(t))_{1 \leqq i, j \leqq m}$ は行列値で，$b(t) = (b_i(t))_{1 \leqq i \leqq m}$ はベクトル値の，ともにある有界閉区間 $I$ で定義された連続関数であると仮定する．また，方程式(2.54)の解の全体を $\mathcal{X}_b$ と書く．とくに $b(t) \equiv 0$ の場合，$\mathcal{X}_0$ は斉次方程式

$$\frac{dx}{dt} = A(t)x \tag{2.55}$$

の解の全体である．

**定理 2.40**

（i）$\mathcal{X}_0$ はベクトル空間である．つまり，

$$\begin{cases} x \in \mathcal{X}_0,\ c \in \mathbb{C} & \Longrightarrow \quad cx \in \mathcal{X}_0, \\ x \in \mathcal{X}_0,\ y \in \mathcal{X}_0 & \Longrightarrow \quad x + y \in \mathcal{X}_0. \end{cases}$$

(ii)　ベクトル空間 $\mathcal{X}_0$ の次元は $m$ である．

(iii)　任意の $x^* \in \mathcal{X}_b$ に対して，$\mathcal{X}_b = \{x^*+x \mid x \in \mathcal{X}_0\}$.

[証明]　(ii)は後で示す．まず(i)を証明する．

$x(t)$ が(2.55)の解で，$c$ が定数ならば，明らかに，$cx(t)$ も(2.55)をみたす．また，$x(t), y(t)$ が(2.55)をみたせば，$x(t)+y(t)$ も(2.55)をみたす．

次に(iii)を示そう．$x^*(t)$ が(2.54)の解のとき，任意の(2.55)の解 $x(t)$ をとり，$\widetilde{x}(t) = x^*(t)+x(t)$ とおくと，

$$\begin{aligned}\frac{d\widetilde{x}}{dt} &= \frac{dx^*}{dt} + \frac{dx}{dt} = A(t)x^* + b(t) + A(t)x \\ &= A(t)(x^*+x) + b(t) = A(t)\widetilde{x} + b(t).\end{aligned}$$

よって，$\widetilde{x}(t)$ は(2.54)の解である．ゆえに，$\mathcal{X}_b \supset \{x^*+x \mid x \in \mathcal{X}_0\}$.

逆に，$x^*(t), \widetilde{x}(t)$ が(2.54)の解のとき，$x(t) = \widetilde{x}(t) - x^*(t)$ とおくと，

$$\begin{aligned}\frac{dx}{dt} &= \frac{d\widetilde{x}}{dt} - \frac{dx^*}{dt} = (A(t)\widetilde{x} + b(t)) - (A(t)x^* + b(t)) \\ &= A(t)(\widetilde{x} - x^*) = A(t)x.\end{aligned}$$

よって，$x(t)$ は(2.55)の解．ゆえに，$\mathcal{X}_b \subset \{x^*+x \mid x \in \mathcal{X}_0\}$. ∎

上の定理の(ii)は，§1.3で述べた初期値問題の解の存在と一意性を認めれば，次のように証明される．

[定理2.40(ii)の証明]　$t_0 \in I$ を固定し，初期値問題

$$\frac{dx}{dt} = A(t)x, \quad x(t_0) = a \quad (a \in \mathbb{R}^m) \tag{2.56}$$

のただ1つの解 $x(t) = \varphi(t, a)$ と書こう．このとき，容易にわかるように，

$$\begin{cases} c \in \mathbb{R},\ a \in \mathbb{R}^m \quad \Longrightarrow \quad \varphi(t, ca) = c\varphi(t, a), \\ a^{(1)} \in \mathbb{R}^n,\ a^{(2)} \in \mathbb{R}^m \quad \Longrightarrow \quad \varphi(t, a^{(1)}+a^{(2)}) = \varphi(t, a^{(1)}) + \varphi(t, a^{(2)}). \end{cases}$$

よって，$a \in \mathbb{R}^n$ を解 $\varphi(t, a)$ に対応させる写像を $\Phi$ とすれば，$\Phi$ は $\mathbb{R}^m$ から $\mathcal{X}_0$ への線形写像である．

いま，任意の(2.55)の解 $x(t)$ をとり，$a = x(t_0)$ とおけば，解の一意性によって，$x(t) = \varphi(t, a)$ が成り立つ．つまり，

$$x \in \mathcal{X}_0 \quad \Longrightarrow \quad x = \Phi a \text{ となる } a \in \mathbb{R}^m \text{ が存在する.}$$

すなわち，$\Phi\colon \mathbb{R}^n \to \mathcal{X}_0$ は全射である.

また，もし，$x^{(1)} = \varphi(t, a^{(1)})$ と $x^{(2)} = \varphi(t, a^{(2)})$ とが一致したとすれば，$a^{(1)} = x^{(1)}(t_0) = x^{(2)}(t_0) = a^{(2)}$. つまり，$a$ と $x(t) = \varphi(t, a)$ は 1 対 1 に対応する. すなわち，$\Phi\colon \mathbb{R}^n \to \mathcal{X}_0$ は単射である.

ゆえに，$\Phi$ は全単射であり，($\mathcal{X}_0$ は $\mathbb{R}^m$ と同型となるから,) $\mathcal{X}_0$ の次元は $m$ である. ∎

**例 2.41** $\mathbb{R}^2$ での方程式

$$\frac{dx}{dt} = Ax, \quad x(0) = a, \quad \text{ただし，} A = \begin{pmatrix} \alpha & -\beta \\ \beta & \alpha \end{pmatrix}$$

つまり，

$$\begin{cases} \dfrac{dx_1}{dt} = \alpha x_1 - \beta x_2, \quad x_1(0) = a_1 \\[2mm] \dfrac{dx_2}{dt} = \beta x_1 + \alpha x_2, \quad x_2(0) = a_2 \end{cases} \tag{2.57}$$

の解は，

$$\begin{cases} x_1(t) = e^{\alpha t}(a_1 \cos\beta t - a_2 \sin\beta t) \\ x_2(t) = e^{\alpha t}(a_1 \sin\beta t + a_2 \cos\beta t) \end{cases}$$

または，

$$x(t) = e^{\alpha t} \begin{pmatrix} \cos\beta t & -\sin\beta t \\ \sin\beta t & \cos\beta t \end{pmatrix} a \tag{2.58}$$

となり，$x(t) = \varphi(t, a)$ は平面ベクトルを角 $\beta t$ だけ回転し，$e^{\alpha t}$ 倍に相似拡大する変換である. そして，解空間 $\mathcal{X}_0$ は互いに直交する 2 つのベクトル値関数

$$x^{(1)}(t) = e^{\alpha t} \begin{pmatrix} \cos\beta t \\ \sin\beta t \end{pmatrix}, \quad x^{(2)}(t) = e^{\alpha t} \begin{pmatrix} -\sin\beta t \\ \cos\beta t \end{pmatrix}$$

によって張られるベクトル空間である. □

**問 12**　(2.57)を消去法によって解き，(2.58)を確かめよ．

斉次方程式の初期値問題(2.56)において，初期値 $x(t_0)=a$ に解 $x=\Phi a$ の時刻 $t$ での値 $x(t)$ を対応させる写像を行列 $\Phi(t,t_0)$ で表すことにする：

$$\Phi(t,t_0)x(t_0) = x(t). \tag{2.59}$$

このとき，$\Phi(t,t_0)=(\Phi_{ij}(t,t_0))_{1\leqq i,j\leqq m}$ の第 $i$ 列

$$x^{(i)}(t) = \begin{pmatrix} \Phi_{i1}(t,t_0) \\ \Phi_{i2}(t,t_0) \\ \vdots \\ \vdots \\ \Phi_{im}(t,t_0) \end{pmatrix}$$

は，第 $i$ 成分のみ 1 の単位ベクトル

$$e^{(i)} = \begin{pmatrix} 0 \\ \vdots \\ 0 \\ 1 \\ 0 \\ \vdots \\ 0 \end{pmatrix} \;‹i$$

を初期値とする(2.56)の解となる．また，これを言いかえれば，$X(t)=\Phi(t,t_0)$ は，単位行列 $E$ を初期値とする行列値関数 $X(t)$ に対する初期値問題

$$\frac{dX}{dt} = A(t)X, \quad X(t_0) = E \tag{2.60}$$

の解である．

ここまで解の存在と一意性を仮定してきたが，実は，次のことがいえる．

**定理 2.42**　$A(t)=(a_{ij}(t))_{1\leqq i,j\leqq m}$ を有界閉区間 $I$ 上で定義された実 $m$ 次正方行列に値をとる連続関数とする．

(i)　このとき，任意の $t_0\in I$ に対して，初期値問題

$$\frac{dx}{dt} = A(t)x, \quad x(t_0) = a \quad (a\in\mathbb{R}^m) \tag{2.56}$$

の解 $x(t)$ はただ1つ存在し，その定義域は $I$ 全体である．

(ii)　初期値 $x(t_0)=a$ に時刻 $t$ での解の値 $x(t)$ を対応させる写像を $\Phi(t,t_0)$ とすると，$\Phi(t,t_0)$ は次のような行列の級数で与えられる．

$$\Phi(t,t_0) = E + \int_{t_0}^{t} dt_1 A(t_1) + \int_{t_0}^{t} dt_{t_1} \int_{t_0}^{t_1} dt_2 A(t_1)A(t_2) + \cdots$$

$$= E + \sum_{n=1}^{\infty} \int_{t_0}^{t} dt_1 \int_{t_0}^{t_1} dt_2 \cdots \int_{t_0}^{t_{n-1}} dt_n A(t_1)A(t_2)\cdots A(t_n). \quad (2.61)$$

(この積分は，行列の成分ごとの積分である.)

(iii) $\Phi(t,s)$ $(t,s\in I)$ は次の性質をみたす.

(a) $\Phi(t,t)=E$.

(b) $\Phi(t,s)\Phi(s,r)=\Phi(t,r)$.

(c) とくに，$\Phi(t,s)$ は可逆で，$\Phi(t,s)^{-1}=\Phi(s,t)$.

(d) $\dfrac{\partial}{\partial t}\Phi(t,s)=A(t)\Phi(t,s)$. □

この定理の証明は少し後に与える.

**定義 2.43** 上の $\Phi(t,s)$ を斉次方程式(2.55)の**素解**(elementary solution)あるいは**素行列**という．素解は上の定理 2.42 の(a),(b),(d)で特徴づけられる．((c)は(a),(b)より自動的に従う.) □

**問 13** (2.54)の線形独立な解 $x^{(1)}(t),\cdots,x^{(m)}(t)$ を並べて得られる行列 $X(t)=(x^{(1)}(t),\cdots,x^{(m)}(t))$ を**解の基本行列**という．このとき，$X(t)X(s)^{-1}$ は素解であることを示せ．また，$\det X(t)=\det X(t_0)\exp\int_{t_0}^{t}\mathrm{tr}\,A(s)ds$ を示せ．($\det X(t)$ を $X(t)$ の**ロンスキー**(Wronski)**行列式**という.)

**例 2.44** $A(t)$ が定数行列 $A$ の場合，(2.61)は次のようになる.

$$\Phi(t,0)=E+\sum_{n=1}^{\infty}\frac{t^n}{n!}A^n. \quad (2.62)$$

(2.62)の右辺を，$e^{tA}$ または $\exp tA$ と書き，**行列の指数関数**という．なお，この場合，$t$ は複素数としてもよい. □

**問 14** 2つの正方行列 $A,B$ に対して，次の2条件は同値であることを示せ.

(a) $A$ と $B$ は可換：$AB=BA$.

(b) $\exp(tA+sB)=(\exp tA)(\exp sB)$ $(t,s\in\mathbb{R})$.

素解 $\Phi(t,s)$ を用いると，非斉次方程式の初期値問題

$$\frac{dx}{dt} = A(t)x + b(t), \quad x(t_0) = a \tag{2.63}$$

を解くことができる．ここでも**定数変化法**を用いる．$x(t) = \Phi(t, t_0)c(t)$ とおいてみると，

$$\frac{dx}{dt} = A(t)\Phi(t, t_0)c(t) + \Phi(t, t_0)\frac{dc}{dt}.$$

よって，$c$ が $\Phi(t, t_0)\dfrac{dc}{dt} = b(t)$ をみたせばよい．つまり，

$$\frac{dc}{dt} = \Phi(t, t_0)^{-1}b(t).$$

したがって，$c(t_0) = x(t_0) = a$ に注意すると，

$$c(t) = a + \int_{t_0}^{t} \Phi(s, t_0)^{-1}b(s)ds.$$

$x(t) = \Phi(t, t_0)c(t)$ だから，

$$x(t) = \Phi(t, t_0)a + \int_{t_0}^{t} \Phi(t, t_0)\Phi(s, t_0)^{-1}b(s)ds.$$

ゆえに，

$$x(t) = \Phi(t, t_0)a + \int_{t_0}^{t} \Phi(t, s)b(s)ds. \tag{2.64}$$

**問 15**　(2.64)を微分して，(2.63)をみたすことを確かめよ．

この節の残りの部分は，定理 2.42 の証明に費やす．

[定理 2.42 の証明]　まず，(iii)を仮定して(i)を示そう．$x(t) = \Phi(t, t_0)a$ とおくと，(iii)の(a)より，$x(t_0) = \Phi(t_0, t_0)a = a$．また，(d)より，

$$\frac{dx}{dt}(t) = \frac{\partial}{\partial t}\Phi(t, t_0)a = A(t)\Phi(t, t_0)a = A(t)x(t).$$

よって，$x(t)$ は(2.56)の解である．

解の存在がわかったから，次に解の一意性を示す．$\tilde{x}(t)$ を(2.56)の解としよう．(iii)の(c)より逆行列 $\Phi(t, t_0)^{-1}$ が存在するから，$c(t) = \Phi(t, t_0)^{-1}\tilde{x}(t)$

とおくと，$\widetilde{x}(t)-\Phi(t,t_0)c(t)=0$. 左辺を微分すると，

$$\frac{d}{dt}(\widetilde{x}(t)-\Phi(t,t_0)c(t)) = A(t)\widetilde{x}(t)-A(t)\Phi(t,t_0)c(t)+\Phi(t,t_0)\frac{dc}{dt}(t) = \frac{dc}{dt}(t).$$

よって，$dc/dt\equiv 0$. ゆえに，$c(t)=c(t_0)=\Phi(t_0,t_0)^{-1}\widetilde{x}(t_0)=a$. つまり，$\widetilde{x}(t)=\Phi(t,t_0)a$. すなわち，解は $x(t)=\Phi(t,t_0)a$ のみである.

ここで，(2.61)の一般項

$$\Phi_n(t,t_0)=\int_{t_0}^{t}dt_1\int_{t_0}^{t_1}dt_2\cdots\int_{t_0}^{t_{n-1}}dt_nA(t_1)A(t_2)\cdots A(t_n) \tag{2.65}$$

の意味を確かめておこう. まず，$n=1$ のときは，

$$\Phi_1(t,t_0)=\int_{t_0}^{t}dt_1A(t_1)=\int_{t_0}^{t}dt_1A(t_1)E.$$

$n\geqq 2$ のときは，フビニの定理によって

$$\Phi_n(t,t_0)=\int_{t_0}^{t}dt_1A(t_1)\Phi_{n-1}(t_1,t_0).$$

よって，

$$E+\sum_{k=1}^{n}\Phi_k(t,t_0)=\int_{t_0}^{t}dsA(s)\left(E+\sum_{k=1}^{n-1}\Phi_k(s,t_0)\right). \tag{2.66}$$

したがって，極限と無限和の交換が保証されれば，

$$E+\sum_{k=1}^{\infty}\Phi_k(t,t_0)=\int_{t_0}^{t}dsA(s)\left(E+\sum_{k=1}^{\infty}\Phi_k(s,t_0)\right),$$

つまり，

$$\Phi(t,t_0)=\int_{t_0}^{t}dsA(s)\Phi(s,t_0) \tag{2.67}$$

が成り立つ. もし(2.66)の左辺の収束が一様収束であることが示されれば，$\Phi(t,t_0)$ は $t$ について連続関数となり，すると，(2.67)の右辺は $t$ について微分できるから，$\Phi(t,t_0)$ は $t$ について微分可能となり，(iii)の(d)が導かれる.

(2.66)の左辺が一様収束することを証明しよう.

$A(t)$ は有界閉区間 $I$ 上で連続であるから，その各成分 $a_{ij}(t)$ は有界である. そこで，

$$\|A(t)\| := \sqrt{\sum_{i=1}^{m}\sum_{j=1}^{m}|a_{ij}(t)|^2} \leqq M \quad (t \in I) \tag{2.68}$$

が成り立つように正数 $M$ をとる.

**補題 2.45**　一般に，$m$ 次正方行列 $A=(a_{ij})_{1\leqq i,j\leqq m}$ に対して

$$\|A\| = \sqrt{\sum_{i=1}^{m}\sum_{j=1}^{m}|a_{ij}|^2} \tag{2.69}$$

とおくと，次のことが成り立つ.（$\|A\|$ を $A$ の**ノルム**(norm)という.）

（i）　$c$ が定数のとき，$\|cA\|=|c|\|A\|$.

（ii）　$\|A+B\| \leqq \|A\|+\|B\|$.

（iii）　$\|AB\| \leqq \|A\|\|B\|$.

（iv）　$\{A_n\}_{n=1}^{\infty}$ がコーシー列ならば，つまり，

$$\|A_n - A_l\| \to 0 \quad (n, l \to \infty)$$

ならば，$\{A_n\}_{n=1}^{\infty}$ は極限をもつ．つまり，ある行列 $A_\infty$ が存在して，

$$\|A_n - A_\infty\| \to 0 \quad (n \to \infty).$$

［証明］　$\|A\|$ は，行列 $A$ の成分 $a_{ij}$ を1列に並べてできる $m^2$ 次元ベクトル $\boldsymbol{a}$ の長さに等しい．これから，(i), (ii)そして(iv)はただちにわかる．(iii)を示そう．シュワルツの不等式より，

$$\left|\sum_{k=1}^{m} a_{ik}b_{kj}\right|^2 \leqq \left(\sum_{k=1}^{m}|a_{ik}|^2\right)\left(\sum_{l=1}^{m}|b_{lj}|^2\right).$$

この式を $i, j=1, 2, \cdots, m$ について足し合わせれば，$\|AB\|^2 \leqq \|A\|^2\|B\|^2$ を得る．　■

この補題と(2.68)より，次のように積分(= 和の極限)の評価ができる.

$$\begin{aligned}\|\Phi_n(t)\| &= \left\|\int_{t_0}^{t} A(s)\Phi_{n-1}(s)ds\right\| \leqq \left|\int_{t_0}^{t}\|A(s)\Phi_{n-1}(s)\|ds\right| \\ &\leqq \left|\int_{t_0}^{t}\|A(s)\|\|\Phi_{n-1}(s)\|ds\right| \leqq M\left|\int_{t_0}^{t}\|\Phi_{n-1}(s)\|ds\right|.\end{aligned}$$

よって，

$$\|\Phi_1(t)\| = \left|\int_{t_0}^{t} A(s)ds\right| \leqq M|t-t_0|,$$

$$\|\Phi_2(t)\| \leqq M\left|\int_{t_0}^{t} M|s-t_0|ds\right| = M^2|t-t_0|^2/2\,.$$

一般に,

$$\|\Phi_n(t)\| \leqq M^n|t-t_0|^n/n! \quad (n=1,2,\cdots).$$

区間 $I$ の長さを $l$ とすれば,

$$\|\Phi_n(t)\| \leqq (Ml)^n/n! \quad (n=1,2,\cdots) \tag{2.70}$$

したがって,(2.66)の左辺 $E+\sum_{k=1}^{n}\Phi_k(t,t_0)$ は $n\to\infty$ のとき,$I$ 上で一様に収束する.

以上から(i),(ii),(iii)の(a),(d)はすでに示された.(iii)の(b)を認めれば,$\Phi(t,s)\Phi(s,t)=\Phi(t,t)=E$ が成り立つから,(c)がわかる.残るは(iii)の(b)のみであるが,これは解の一意性を $\Phi(t,s)$ のことばで置き換えたものである:時刻 $r$ で与えられた初期値をもつ解 $x(t)$ の時刻 $s$ での値 $x(s)$ を,時刻 $s$ における初期値とする解は,もとの解 $x(t)$ に等しい.

解の一意性を示そう.$x^{(1)}(t)$, $x^{(2)}(t)$ を初期値問題(2.56)の解として,$y(t)=x^{(2)}(t)-x^{(1)}(t)$ とおくと,

$$\frac{dy}{dt} = A(t)y, \quad y(t_0)=0 \tag{2.71}$$

が成り立つ.解は微分可能だから,連続,とくに,有界閉区間 $I$ 上では有界である.そこで,

$$K = \max_{t\in I}\|y(t)\| \tag{2.72}$$

とおく.すると,$y(t)=\int_{t_0}^{t}A(s)y(s)ds$ より,

$$\|y(t)\| \leqq \left\|\int_{t_0}^{t}A(s)y(s)ds\right\| \leqq \left|\int_{t_0}^{t}\|A(s)y(s)\|ds\right|$$
$$\leqq \left|\int_{t_0}^{t}\|A(s)\|\|y(s)\|ds\right| \leqq M\left|\int_{t_0}^{t}\|y(s)\|ds\right|.$$

よって,$\Delta(s)=\|y(t_0+s)\|$ とおくと,これは連続で,

$$0 \leqq \Delta(t) \leqq M\left|\int_0^t \Delta(s)ds\right|, \quad |\Delta(t)| \leqq K \tag{2.73}$$

が成り立つ．すると，次の補題より，$\varDelta(t)\equiv 0$ がわかる．ゆえに，$y(t)\equiv 0$，すなわち，$x^{(1)}(t)\equiv x^{(2)}(t)$ となり，解の一意性が示された． ∎

**補題 2.46**　ある正数 $K, L$ に対して，上の(2.73)をみたす連続関数 $\varDelta(t)$ は恒等的に 0 である．

［証明］(2.73)より，まず，

$$0 \leqq \varDelta(t) \leqq LK|t|.$$

これを(2.73)の第1式に代入すると，

$$0 \leqq \varDelta(t) \leqq L\left|\int_0^t LK|s|ds\right| \leqq L^2K|t|^2/2.$$

以下，帰納的に，

$$0 \leqq \varDelta(t) \leqq K(L|t|)^n/n! \quad (n=1,2,\cdots).$$

$n\to\infty$ とすれば，$(L|t|)^n/n!\to 0$ だから，$\varDelta(t)\equiv 0$． ∎

**注意 2.47**　定理 2.42(iii–b)の性質 $\varPhi(t,r)=\varPhi(t,s)\varPhi(s,r)$ は，定義式(2.61)を用いて直接に証明することもできる．その証明においては，指数関数 $e^x=\sum\limits_{n=0}^{\infty}x^n/n!$ に対して，指数法則

$$\left(\sum_{n=0}^{\infty}\frac{x^n}{n!}\right)\left(\sum_{n=0}^{\infty}\frac{y^n}{n!}\right)=\sum_{n=0}^{\infty}\frac{(x+y)^n}{n!}$$

を示す証明法が手本となる．

**注意 2.48**　§1.3 で述べたコーシーの解の存在と一意性定理(定理 1.23)に現れたリプシッツ条件は，上の補題 2.46 を用いた一意性の証明により，その意味が明らかになる(付録参照)．

## §2.5　$\mathbb{R}^n$ 上の定数係数線形方程式

この節では，$A$ が実 $n$ 次正方行列の場合を主に扱う．

前節で述べた一般論によって，$\mathbb{R}^n$ 上での初期値問題

$$\frac{dx}{dt}=Ax, \quad x(t_0)=a \quad (a\in\mathbb{R}^n) \tag{2.74}$$

の解は，$x(t)=(\exp(t-t_0)A)a$ で与えられる．この節ではこの形の方程式に

ついて少し詳しく調べてみる.

正規形の線形微分方程式はいろいろな場面で現れる.

**例 2.49**　一定の電磁場中の荷電粒子の運動は，$e$（電場），$b$（磁場）を定ベクトルとして，次の方程式で記述される.

$$\frac{dx}{dt} = x \times b + e = \begin{pmatrix} x_2b_3 - x_3b_2 + e_1 \\ x_3b_1 - x_1b_3 + e_2 \\ x_1b_2 - x_2b_1 + e_3 \end{pmatrix} \quad (x \in \mathbb{R}^3). \qquad (2.75)$$

この方程式を行列を用いて表すと次のようになる.

$$\frac{dx}{dt} = Ax + e, \quad \text{ただし，} A = \begin{pmatrix} 0 & b_3 & -b_2 \\ -b_3 & 0 & b_1 \\ b_2 & -b_1 & 0 \end{pmatrix}.$$

□

**例 2.50**　$\mathbb{R}^3$ 内の滑らかな曲線に対する自然方程式(§1.2)

$$\begin{cases} \varphi'(s) = e_1(s) \\ e_1'(s) = \rho e_2(s) \\ e_2'(s) = -\rho e_1(s) + \kappa e_3(s) \\ e_3'(s) = -\kappa e_2(s) \end{cases} \qquad (2.76)$$

は(2.74)の形に書けて，係数行列は次の 12 次正方行列となる.

$$A = \begin{pmatrix} O & E & O & O \\ O & O & \rho E & O \\ O & -\rho E & O & \kappa E \\ O & O & -\kappa E & O \end{pmatrix}.$$

ただし，$E, O$ は 3 次の単位行列，零行列.

□

**例 2.51**　§1.3 の例題 1.27 では，消去法によって線形方程式を解いた. その結果を行列の指数関数を用いて表すと，次のようになる.

$$\exp t \begin{pmatrix} -1 & 1 & 0 \\ 1 & -2 & 1 \\ 0 & 1 & -1 \end{pmatrix} = \frac{1}{6} \begin{pmatrix} 2+3e^{-t}+e^{-3t} & 2(1-e^{-3t}) & 2-3e^{-t}+e^{-3t} \\ 2(1+e^{-3t}) & 2(1+2e^{-3t}) & 2(1+e^{-3t}) \\ 2-3e^{-t}+e^{-3t} & 2(1-e^{-3t}) & 2+3e^{-t}+e^{-3t} \end{pmatrix}.$$

□

**例題 2.52**　例 2.49 の方程式(2.75)を解け．ただし，$e=0$, $b\neq 0$, $x(0)=x_0$ とする．

［解］

$$A^2=\begin{pmatrix}0 & b_3 & -b_2\\ -b_3 & 0 & b_1\\ b_2 & -b_1 & 0\end{pmatrix}\begin{pmatrix}0 & b_3 & -b_2\\ -b_3 & 0 & b_1\\ b_2 & -b_1 & 0\end{pmatrix}=\begin{pmatrix}-b_2^2-b_3^2 & b_1b_2 & b_1b_3\\ b_1b_2 & -b_1^2-b_3^2 & b_2b_3\\ b_1b_3 & b_2b_3 & -b_1^2-b_2^2\end{pmatrix}.$$

よって，$P=(b_ib_j/\|b\|^2)_{1\leqq i,j\leqq n}$ とおくと，

$$A^2=-\|b\|^2(E-P).$$

ここで，$AP=PA=0$ に注意すると，

$$A^3=-\|b\|^2A,\quad A^4=-\|b\|^2A^2=\|b\|^4(E-P).$$

一般に，

$$A^{2k+1}=(-1)^k\|b\|^{2k}A,\quad A^{2k}=(-1)^k\|b\|^{2k}(E-P)\quad(k\geqq 1).$$

したがって，

$$\begin{aligned}\sum_{k=0}^{2m+1}\frac{t^k}{k!}A^k &= E+\sum_{k=1}^{m}\frac{t^{2k+1}}{(2k+1)!}A^{2k+1}+\sum_{k=1}^{m}\frac{t^{2k}}{(2k)!}A^{2k}\\ &= E+\sum_{k=1}^{m}\frac{(-1)^kt^{2k+1}}{(2k+1)!}\|b\|^{2k}A+\sum_{k=1}^{m}\frac{(-1)^kt^{2k}}{(2k)!}\|b\|^{2k}(E-P)\\ &\to E+\frac{\sin\|b\|t}{\|b\|}A+(\cos\|b\|t-1)(E-P)\quad(m\to\infty).\end{aligned}$$

同様にして，$\displaystyle\sum_{k=0}^{2m}\frac{t^k}{k!}A^k$ も同じ極限に収束する．ゆえに，

$$x(t)=Px_0+\frac{\sin\|b\|t}{\|b\|}Ax_0+(\cos\|b\|t)(E-P)x_0.$$

∎

**注意**　$P$ は直交射影である．そして，3 つのベクトル $Px_0$, $\|b\|^{-1}Ax_0$, $(E-P)x_0$ は互いに直交し，同じ長さをもつから，例 2.49 の運動は円運動である．

**問 16**　曲率 $\rho$, ねじれ率 $\kappa$ が一定のとき，例 2.50 の方程式(2.76)の初期値問題を解け．ただし，$e_1(0)={}^t(1,0,0)$, $e_2(0)={}^t(0,1,0)$, $e_3(0)={}^t(0,0,1)$, $\varphi(0)=(0,0,0)$ とする．

**注意 2.53** 上の例題 2.52 の解法では，ケーリー–ハミルトンの関係式($\varphi(\lambda)=\det(\lambda E-A)$ とおくと，$\varphi(A)=0$)を利用して行列の指数関数 $\exp tA$ を求めたことになっており，具体例においてはよく用いられる.

上の例題 2.52 の計算から，少なくとも 3 次元のときは，$A$ が交代行列ならば，$\exp sA$ は回転運動を表す直交行列であった．したがって，$\exp tA$ は任意のベクトル $a$ の大きさを保つ:

$$\|(\exp sA)a\| = \|a\|.$$

これは次のように一般化される.

**補題 2.54** $J$ を実 $n$ 次対称行列として，

$$B(x,y) = \langle Jx, y\rangle \quad (x, y \in \mathbb{R}^n)$$

とおく．このとき，実 $n$ 次正方行列 $X$ に対して，次の 2 条件は互いに同値である.

(a) 任意の $x, y \in \mathbb{R}^n$ と $s \in \mathbb{R}$ に対して，

$$B((\exp sX)x, (\exp sX)y) = B(x,y). \tag{2.77}$$

(b) ${}^tXJ+JX=O$.

[証明] (a)を仮定すると，

$$\langle J(\exp sX)x,\ (\exp sX)y\rangle = \langle Jx, y\rangle\,.$$

これを $s=0$ で微分すると，

$$\langle JXx, y\rangle + \langle Jx, Xy\rangle = 0.$$

この式が任意の $x, y \in \mathbb{R}^n$ に対して成り立つから，(b)を得る.

逆に，(b)を仮定すると，

$$\begin{aligned}
&\frac{d}{ds}({}^t(\exp sX)J(\exp sX))\\
&= {}^t\!\left(\frac{d}{ds}\exp sX\right)J(\exp sX) + {}^t(\exp sX)J\left(\frac{d}{ds}\exp sX\right)\\
&= {}^t(X\exp sX)J(\exp sX) + {}^t(\exp sX)J(X\exp sX)\\
&= {}^t(\exp sX)\,{}^tXJ(\exp sX) + {}^t(\exp sX)JX(\exp sX)\\
&= {}^t(\exp sX)({}^tXJ+JX)(\exp sX) = O.
\end{aligned}$$

よって,

$$ {}^t(\exp sX)J(\exp sX) = {}^t(\exp 0X)J(\exp 0X) = J. $$

ゆえに,

$$ \begin{aligned} B((\exp sX)x,\,(\exp sX)y) &= \langle {}^t(\exp sX)J(\exp sX)x,\,y\rangle = \langle Jx, y\rangle \\ &= B(x,y). \end{aligned} $$

∎

**例 2.55**

(1)　$J=E$ のとき，$B(x,x)^{1/2}=\|x\|$ だから,

(a)は，$\exp sX$ が直交行列

(b)は，${}^tX+X=O$，つまり，$X$ が交代行列

となることを意味する．$n$ 次直交行列の全体は群をなす．これを $n$ 次**直交群**(orthogonal group)といい，$O(n)$ と書く．

(2)　$\mathbb{C}^n$ でエルミート内積に関してもまったく同様の結果が得られ,

(a)は，$\exp sX$ がユニタリ行列

(b)は，$X^*+X=O$，つまり，$X$ が歪エルミート行列

であることを表す．$n$ 次ユニタリ行列の全体は群をなす．これを $n$ 次**ユニタリ群**(unitary group)といい，$U(n)$ と書く．

(3)　$\mathbb{R}^{2n}$ で，$J=\begin{pmatrix} E & O \\ O & -E \end{pmatrix}$ のとき，$x=\begin{pmatrix} q \\ p \end{pmatrix}$，$x'=\begin{pmatrix} q' \\ p' \end{pmatrix}$ $(p,q\in\mathbb{R}^n)$ に対して,

$$ B(x,y) = \langle q,q'\rangle - \langle p,p'\rangle $$

は**シンプレクティック内積**と呼ばれている．シンプレクティック内積を保存する実 $2n$ 次正方行列の全体は群をなす．これを $2n$ 次**シンプレクティック群**(symplectic gourp)といい，$Sp(n)$ と書く．

$O(n), U(n), Sp(n)$ のように行列からなる群を**行列群**という．　□

**定義 2.56**　$G$ が行列群のとき，$G$ 上の始点 $E$ の滑らかな曲線 $\varphi(s)$ $(0\leqq s\leqq 1)$ の $E$ における接ベクトル $\varphi'(0)$ となり得る行列の全体を $\mathfrak{g}$（ドイツ文字の g）と書き，行列群 $G$ の**リー環**(Lie algebra)という．　□

**定義 2.57**　可逆な正方行列 $A, B$ に対して，行列

$$ C = ABA^{-1}B^{-1} $$

を $A, B$ の**交換子**(commutator)という．また，2つの正方行列 $X, Y$ に対して，

$$[X, Y] = XY - YX$$

と書き，[ , ] を**リー括弧**，$[X, Y]$ を $X, Y$ の**リー括弧積**または**交換子積**という．　□

**問 17**　次のことを示せ．

(1)　$[Y, X] = -[X, Y]$.

(2)　$[aX+bY, Z] = a[X, Z]+b[Y, Z]$.

(3)　$[[X, Y], Z]+[[Y, Z], X]+[[Z, X], Y] = 0$　(ヤコビの等式).

リー環はリー括弧積に関して閉じている．つまり，$X, Y \in \mathfrak{g}$ ならば $[X, Y] \in \mathfrak{g}$ である．

**問 18**　正方行列 $X, Y$ に対して，

$$F(t) = (\exp tX)(\exp tY)(\exp -tX)(\exp -tY)$$

とおく．次の(a),(b)を示し，これから，$\varphi(s) = F(\sqrt{s})$ $(s \geqq 0)$ のとき，$\varphi'(0) = [X, Y]$ が成り立つことを証明せよ．

(a)　$F'(0) = O$.　　(b)　$F''(0) = 2[X, Y]$.

(一般に代数では，$\mathfrak{g}$ がベクトル空間で，その任意の元 $X, Y \in \mathfrak{g}$ に対して，積 $[X, Y]$ が定義され，問17の性質(1)～(3)が成り立つとき，$\mathfrak{g}$ をリー環という.)

一般に $\mathbb{R}^n$ 上の線形常微分方程式の解軌道全体の様子を調べるには，行列 $A$ を相似変換して簡単な形にしておくと見通しがよくなる．まず，$n=2$ の場合を考える．

**定理 2.58**　実2次正方行列 $A$ は可逆な実2次正方行列 $P$ により相似変換して，$P^{-1}AP$ を次のいずれかの形にできる．

(a) $\begin{pmatrix} \lambda & 0 \\ 0 & \mu \end{pmatrix}$ $(\lambda, \mu \in \mathbb{R})$　　(b) $\begin{pmatrix} \lambda & 1 \\ 0 & \lambda \end{pmatrix}$ $(\lambda \in \mathbb{R})$

(c) $\begin{pmatrix} \alpha & -\beta \\ \beta & \alpha \end{pmatrix}$ $(\alpha, \beta \in \mathbb{R},\ \beta \neq 0)$

そして，それぞれの場合，$P^{-1}(\exp tA)P$ は次の形になる．

(a) $\begin{pmatrix} e^{\lambda t} & 0 \\ 0 & e^{\mu t} \end{pmatrix}$　　(b) $\begin{pmatrix} e^{\lambda t} & te^{\lambda t} \\ 0 & e^{\lambda t} \end{pmatrix}$　　(c) $e^{\alpha t}\begin{pmatrix} \cos\beta t & -\sin\beta t \\ \sin\beta t & \cos\beta t \end{pmatrix}$

［証明］ 1°　実行列 $A$ の固有値と固有ベクトルについて，次の場合分けができる．

（イ） $A$ は相異なる実固有値 $\lambda, \mu$ をもつ．このとき，対応する固有ベクトル $u, v$ もそれぞれ実ベクトルにとれる．

（ロ） $A$ は共役な虚固有値 $\alpha \pm i\beta$ $(\alpha, \beta \in \mathbb{R},\ \beta \neq 0)$ をもつ．このとき，対応する固有ベクトルはそれぞれ $u \mp iv$ $(u, v \in \mathbb{R}^2)$ と書ける．

（ハ） その他の場合．このとき，固有値はただ1つで実数である．これを $\lambda$ とすると，さらに2つの場合に分かれる．

（ハ–1） 線形独立な2つの固有ベクトル $u, v$ をもつ．

（ハ–2） 固有ベクトルは実数倍を除いてただ1つである．

以下の証明では，後に§4.2で図を描くためもあって，具体的に計算する．

2°　（イ）の場合．$u, v \in \mathbb{R}^2$ は線形独立で，$\lambda, \mu \in \mathbb{R}$ であり，

$$Au = \lambda u, \quad Av = \mu v$$

だから，$x(t) = e^{\lambda t}u,\ e^{\mu t}v$ はそれぞれ，$dx/dt = Ax$ の解である．よって，

$$(\exp tA)u = e^{\lambda t}u, \quad (\exp tA)v = e^{\mu t}v. \tag{2.78}$$

したがって，$u, v$ を並べた行列 $P = [u, v]$ を考えると，$AP = P\begin{pmatrix} \lambda & 0 \\ 0 & \mu \end{pmatrix}$,

$$\begin{aligned}(\exp tA)P &= [(\exp tA)u, (\exp tA)v] = [e^{\lambda t}u, e^{\mu t}v] \\ &= [u, v]\begin{pmatrix} e^{\lambda t} & 0 \\ 0 & e^{\mu t} \end{pmatrix} = P\begin{pmatrix} e^{\lambda t} & 0 \\ 0 & e^{\mu t} \end{pmatrix}.\end{aligned}$$

よって，$P$ は可逆だから，

$$P^{-1}AP = \begin{pmatrix} \lambda & 0 \\ 0 & \mu \end{pmatrix}, \quad P^{-1}(\exp tA)P = \begin{pmatrix} e^{\lambda t} & 0 \\ 0 & e^{\mu t} \end{pmatrix}$$

を得る．これは，(a)で$\lambda \neq \mu$の場合である．

3°　(ロ)の場合．$u, v \in \mathbb{R}^2$は線形独立で，$\alpha, \beta \in \mathbb{R}$であり，

$$A(u \mp iv) = (\alpha \pm i\beta)(u \mp iv) = \alpha u + \beta v \mp i(-\beta u + \alpha v)$$

だから，

$$Au = \alpha u + \beta v, \quad Av = -\beta u + \alpha v.$$

したがって，$P = [u, v]$とすると，

$$\begin{aligned} AP &= [Au, Av] = [\alpha u + \beta v, -\beta u + \alpha v] \\ &= [u, v]\begin{pmatrix} \alpha & -\beta \\ \beta & \alpha \end{pmatrix} = P\begin{pmatrix} \alpha & -\beta \\ \beta & \alpha \end{pmatrix}. \end{aligned}$$

よって，$P$は可逆だから，

$$P^{-1}AP = \begin{pmatrix} \alpha & -\beta \\ \beta & \alpha \end{pmatrix}.$$

この場合は，定理の(c)の場合である．実際，$x(t) = e^{\alpha t}(\cos\beta t\, u - \sin\beta t\, v)$とおくと，

$$\begin{aligned} \frac{dx}{dt} &= \alpha e^{\alpha t}(\cos\beta t\, u - \sin\beta t\, v) - \beta e^{\alpha t}(\sin\beta t\, u + \cos\beta t\, v) \\ &= e^{\alpha t}\cos\beta t(\alpha u - \beta v) - e^{\alpha t}\sin\beta t(\beta u + \alpha v) \\ &= e^{\alpha t}\cos\beta t A u - e^{\alpha t}\sin\beta t A v = Ax. \end{aligned}$$

同様に，$y(t) = e^{\alpha t}(\sin\beta t\, u + \cos\beta t\, v)$とおくと，

$$\frac{dy}{dt} = Ay.$$

よって，

$$\begin{cases} (\exp tA)u = (\exp tA)x(0) = x(t) = e^{\alpha t}(\cos\beta t\, u - \sin\beta t\, v), \\ (\exp tA)v = (\exp tA)y(0) = y(t) = e^{\alpha t}(\sin\beta t\, u + \cos\beta t\, v). \end{cases} \tag{2.79}$$

ゆえに，$P = [u, v]$とおくと，

$$P^{-1}(\exp tA)P = e^{\alpha t}\begin{pmatrix} \cos\beta t & -\sin\beta t \\ \sin\beta t & \cos\beta t \end{pmatrix}.$$

4°　(ハ–1)の場合．2°と同様にして，(a)で$\lambda = \mu$の場合が得られる．

5°　(ハ–2)の場合．この場合，$A$ の特性方程式は $\det(zE-A)=(z-\lambda)^2$ だから，$(A-\lambda E)^2=0$．一方，$(A-\lambda E)u=0$ をみたすベクトル $u$ は定数倍を除いてただ1つである．よって，$u$ と線形独立なベクトル $v$ をとると，$(A-\lambda E)v\neq 0$，かつ，$(A-\lambda E)^2v=0$ となる．したがって，$(A-\lambda E)v$ は $u$ の定数倍である．この定数を調整して，

$$(A-\lambda E)v = u, \quad (A-\lambda E)u = 0$$

と仮定してよい．

このとき，$x(t)=e^{\lambda t}u$ とおくと，

$$\frac{dx}{dt} = \lambda e^{\lambda t}u = e^{\lambda t}Au = A(e^{\lambda t}u) = Ax.$$

また，$y(t)=e^{\lambda t}v+te^{\lambda t}u$ とおくと，

$$\begin{aligned}\frac{dy}{dt} &= \lambda e^{\lambda t}v + e^{\lambda t}u + \lambda te^{\lambda t}u \\ &= e^{\lambda t}(Av-u)+e^{\lambda t}u+te^{\lambda t}Au = e^{\lambda t}(Av+tAu) = Ay.\end{aligned}$$

よって，

$$\begin{cases}(\exp tA)u = (\exp tA)x(0) = x(t) = e^{\lambda t}u, \\ (\exp tA)v = (\exp tA)y(0) = y(t) = e^{\lambda t}v + te^{\lambda t}.\end{cases} \tag{2.80}$$

ゆえに，$P=[v,u]$ として，

$$P^{-1}AP = \begin{pmatrix}\lambda & 1 \\ 0 & \lambda\end{pmatrix}, \quad P^{-1}(\exp tA)P = \begin{pmatrix} e^{\lambda t} & te^{\lambda t} \\ 0 & e^{\lambda t}\end{pmatrix}$$

を得る．これは(b)の場合である．■

解軌道の振舞いという観点からは，次の場合分けは重要である(§4.1)．

(1) $t\to\infty$ のとき，$x(t)\to 0$．

(2) $t\to\infty$ のとき，$\|x(t)\|\to\infty$．

(3) $t\to\infty$ のとき，$\|x(t)\|$ は有界に留まる．

また，特別な解軌道として(線形方程式ゆえ当然だが)，$x(t)\equiv 0$ がある．

一般の $\mathbb{R}^n$ の線形方程式の解軌道の全体を理解するためには，行列の標準形を用いると見通しがよい．ただし，(2.74)の右辺に現れる行列 $A$ は対角行列

と限らないので，次のような**ジョルダンの標準形**(Jordan's canonical form)を用いる必要がある.

**定理 2.59** (実ジョルダン標準形) $A$を実$m$次正方行列とする．このとき，ある可逆な実$m$次正方行列$P$によって相似変換すると，行列$P^{-1}AP$を次の形にできる．これを実ジョルダン標準形という.

$$P^{-1}AP = \begin{pmatrix} J(\lambda_1, n_1) & & & & & \mathbf{0} \\ & \ddots & & & & \\ & & J(\lambda_p, n_p) & & & \\ & & & K(\alpha_1, \beta_1, m_1) & & \\ & & & & \ddots & \\ \mathbf{0} & & & & & K(\alpha_q, \beta_q, m_q) \end{pmatrix} \tag{2.81}$$

ただし，$\lambda_i, \alpha_j, \beta_j$ は実数，$\beta_j \neq 0$ $(i = 1, 2, \cdots, p;\ j = 1, 2, \cdots, q)$，
$n_i, m_j$ は自然数で，$n_1 + \cdots + n_p + 2(m_1 + \cdots + m_q) = m$.

そして，$J(\lambda, n)$，$K(\alpha, \beta, n)$ はそれぞれ次の形の$n$次，$2n$次の正方行列で，**ジョルダン因子**(Jordan block)という.

$$J(\lambda, n) = \begin{pmatrix} \lambda & 1 & & & & \mathbf{0} \\ & \lambda & 1 & & & \\ & & \lambda & \ddots & & \\ & & & \ddots & 1 & \\ & & & & \lambda & 1 \\ \mathbf{0} & & & & & \lambda \end{pmatrix},$$

$$K(\alpha, \beta, n) = \begin{pmatrix} \alpha & -\beta & 1 & 0 & & & & \mathbf{0} \\ \beta & \alpha & 0 & 1 & \ddots & & & \\ & & \alpha & -\beta & \ddots & \ddots & & \\ & & \beta & \alpha & \ddots & \ddots & \ddots & \\ & & & \ddots & \ddots & \ddots & 1 & 0 \\ & & & & \ddots & \ddots & 0 & 1 \\ & & & & & \ddots & \alpha & -\beta \\ \mathbf{0} & & & & & & \beta & \alpha \end{pmatrix}.$$

□

**例 2.60**　実2次正方行列の実ジョルダン標準形は,

(a) $\begin{pmatrix} \lambda & 0 \\ 0 & \mu \end{pmatrix}$ $(\lambda, \mu \in \mathbb{R})$　　(b) $\begin{pmatrix} \lambda & 1 \\ 0 & \lambda \end{pmatrix}$ $(\lambda \in \mathbb{R})$

(c) $\begin{pmatrix} \alpha & -\beta \\ \beta & \alpha \end{pmatrix}$ $(\alpha, \beta \in \mathbb{R},\ \beta \neq 0)$

の3種類であり, 実3次正方行列の実ジョルダン標準形は,

(a) $\begin{pmatrix} \lambda & 0 & 0 \\ 0 & \mu & 0 \\ 0 & 0 & \nu \end{pmatrix}$ $(\lambda, \mu, \nu \in \mathbb{R})$　　(b) $\begin{pmatrix} \lambda & 1 & 0 \\ 0 & \lambda & 0 \\ 0 & 0 & \mu \end{pmatrix}$ $(\lambda, \mu \in \mathbb{R})$

(c) $\begin{pmatrix} \lambda & 1 & 0 \\ 0 & \lambda & 1 \\ 0 & 0 & \lambda \end{pmatrix}$ $(\lambda \in \mathbb{R})$　　(d) $\begin{pmatrix} \lambda & 0 & 0 \\ 0 & \alpha & -\beta \\ 0 & \beta & \alpha \end{pmatrix}$ $(\lambda, \alpha, \beta \in \mathbb{R},\ \beta \neq 0)$

の4種類である. □

**問 19**　3次正方行列 $A$ が上の4つの実ジョルダン標準形の場合に, $\exp tA$ を求めよ.

**問 20**　実4次正方行列の実ジョルダン標準形は9種類あることを確かめよ.

**注意 2.61**　行列 $A$ のノルム $\|A\|$ が $\|A\|<1$ をみたすとき, 行列 $E+A$ は可逆で,

$$(E+A)^{-1} = \sum_{n=0}^{\infty}(-1)^n A^n = E-A+A^2-A^3+\cdots \tag{2.82}$$

が成り立つ. これを**ノイマン級数**(Neuman series)ということがある. また,

$$\log(E+A) = \sum_{n=1}^{\infty}\frac{(-1)^{n-1}}{n}A^n \tag{2.83}$$

も定義され,

$$\exp(\log(E+A)) = E+A$$

が成り立つ. (2.83)を**行列の対数関数**という.

《まとめ》

**2.1**　単独・連立の定数係数線形常微分方程式, および, 線形差分方程式とそ

の解法および解空間の構造，とくに，重ね合わせの原理の意味，微分作用素の記号 $P(D)$ と特性多項式の意味，行列の指数関数とその一般化(素解)

**2.2** 主な用語

斉次・非斉次，重ね合わせの原理，特解と一般解，解空間，素解・解の基本行列，行列の指数関数，微分作用素，特性多項式，(ラグランジュの)定数変化法，(ダランベールの)階数低下法，たたみ込み(積)，母関数，交換子，実ジョルダン標準形・因子

**2.3** 方程式

定磁場中の荷電粒子の運動，フルネ–セレの自然方程式

## 演習問題

**2.1** 次の方程式を解け.

(1) $\dfrac{d^2u}{dt^2}+3\dfrac{du}{dt}+2u=e^{-t}$.

(2) $\dfrac{d^2u}{dt^2}+u=(1+t^2)^{-1}$.

(3) $\dfrac{dx}{dt}=y,\quad \dfrac{dy}{dt}=x+\cosh t$.

(4) $\dfrac{dx}{dt}=x+2y+10\cos t,\quad \dfrac{dy}{dt}=-2x-4y+10\sin t$.

**2.2** $L>0$ のとき,

$$\frac{d^2u}{dt^2}+\lambda u=0,\quad u(0)=u(L)=0$$

をみたす恒等的に 0 でない解 $u(t)$ が存在するための必要十分条件は

$$\lambda=n^2\pi^2/L^2\quad (n=1,2,3,\cdots)$$

であることを確かめ，解 $u=u_n(t)$ を求めよ．さらに，$u_n(t)$ の零点はちょうど $n-1$ 個で，$u_{n+1}(t)$ の零点は $u_n(t)$ の零点により分離されることを示せ.

また，同じ方程式について，次の場合に同様の考察を行なえ.

(1) $u(0)=0,\quad \dfrac{du}{dt}(L)=0$ (2) $\dfrac{du}{dt}(0)=\dfrac{du}{dt}(L)=0$

(このような問題を**境界値問題**(boundary value problem)といい，上のような $\lambda$ の値をその**固有値**(eigenvalue)という.)

**2.3** 母関数 $\exp(-z^2+2zx)=\sum\limits_{n=0}^{\infty}z^nH_n(x)/n!$ によって $H_n(x)$ を定めると,

$H_n(x)$ は次の方程式をみたす $n$ 次多項式となることを示せ．($H_n(x)$ を**エルミート**(Hermite)**多項式**という．)

$$\frac{d^2y}{dx^2}-2x\frac{dy}{dx}+2ny=0\,.$$

**2.4**　常微分方程式

$$\frac{d}{dx}\left(P(x)\frac{du}{dx}\right)+Q(x)u=0\quad(a\leqq x\leqq b)$$

は $P(x)$ が $C^1$ 級で正，$Q(x)$ が連続なとき，

$$P(x)\frac{du}{dx}=r\cos\theta,\quad u=r\sin\theta$$

と変数変換すれば，

$$\frac{d\theta}{dx}=Q(x)\sin^2\theta+P(x)^{-1}\cos^2\theta,\quad \frac{dr}{dx}=(P(x)^{-1}-Q(x))r\sin 2\theta$$

となることを示し，これを利用して次の方程式を解け．

$$x\frac{d^2u}{dx^2}-\frac{du}{dx}+x^3u=0.$$

(上の形の方程式を**スツルム–リウヴィル**(Sturm-Liouville)**方程式**，上の極座標への変換をプリュファー(Prüfer)変換ということがある．)

**2.5**　$n$ 次正方行列 $A,B$ に対して，以下の条件は互いに同値であることを示せ．

(a)　$A,B$ は可換: $[A,B]=AB-BA=O$.

(b)　$\exp tA\exp sB=\exp sB\exp tA\quad(t,s\in\mathbb{R})$.

(c)　$\exp t(A+B)=\exp tA\exp tB=\exp tB\exp tA$.

**2.6**　2次正方行列 $J$ が $J^2=-E$ をみたし，$a(t),b(t)$ を連続関数として，$A(t)=a(t)E+b(t)J$ のとき，$dx/dt=A(t)x$ の素解は $\alpha(t)\exp\beta(t)J$ の形で与えられることを確かめ，次の方程式を解け．

$$\frac{dx}{dt}=(1-\cos t)y+x\sin t,\quad \frac{dy}{dt}=-(1-\cos t)x+y\sin t.$$

# 3 ベクトル場と積分曲線

線形でない場合，微分方程式の一般的な解法はない．しかし，定量的には解けなくても定性的に理解可能な場合も多い．20 世紀は，線形の 19 世紀に対して，非線形の時代といわれる．この章では，力学系の概念を導入し，勾配系，ハミルトン系の基本事項を学び，あわせて，全微分方程式について考える．一度理解すればきわめてやさしく基本的であることがわかるが，力学系はこれまでの微分積分の世界の中にやや異質のソフトな視点を提供するものなので，頭も柔軟にする必要がある．

## §3.1 ベクトル場と流れ

一般に，$\mathbb{R}^n$ 上の自励的な常微分方程式の初期値問題

$$\frac{dx}{dt} = a(x), \quad x(0) = x_0 \tag{3.1}$$

に対して解の一意性が成り立ち，かつ，任意の初期値 $x_0$ に対して大域解 $x(t)\,(-\infty < t < +\infty)$ が存在すると仮定する．初期値 $x_0$ に時刻 $t$ における値 $x(t)$ を対応させる写像を $T_t$，すなわち，

$$T_t\colon\ x_0 \mapsto x(t) \tag{3.2}$$

とすると，解の一意性より，次の性質が成り立つ．

（a） $T_0 = I$（$I$ は恒等写像）．

（b）　任意の $t, s \in \mathbb{R}$ に対して，$T_t T_s = T_{t+s}$.

（c）　(a),(b)より，$T_t$ は逆写像 $T_t^{-1}$ をもち，$T_t^{-1} = T_{-t}$.

（d）　各 $T_t$ は連続な写像である.

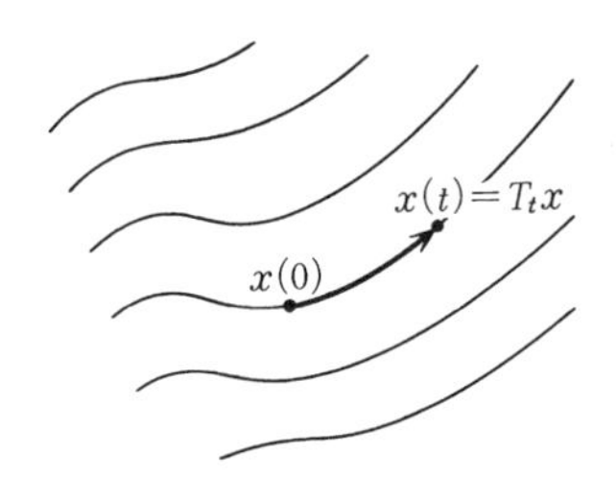


**図 3.1**　微分方程式の定める流れ $T_t$

以下では，写像の族 $\{T_t \mid t \in \mathbb{R}\}$ が上の(a)–(d)をみたすとき，$\{T_t \mid t \in \mathbb{R}\}$ を**流れ**(flow)または**力学系**(dynamical system)，$\{T_t x \mid x \in \mathbb{R}\}$ を点 $x$ の**軌道**(orbit, trajectory)という．また，各 $x$ に対して，$T_t x$ が $t$ について連続なとき，$\{T_t\}$ を連続な流れという．(流れについては，点 $x$ の像 $T_t(x)$ を単に $T_t x$ と書く習慣がある.)

**例 3.1**　(平面 $\mathbb{R}^2$ 上の流れ)

（1）　$\beta \neq 0$ として，

$$T_t = \exp t \begin{pmatrix} 0 & -\beta \\ \beta & 0 \end{pmatrix} = \begin{pmatrix} \cos \beta t & -\sin \beta t \\ \sin \beta t & \cos \beta t \end{pmatrix}$$

のとき，$T_{t+2\pi/\beta} x = x$ だから，すべての軌道は周期 $2\pi/\beta$ をもつ.

（2）　$T_t x = x + te$ は $e$ 方向の平行移動である.　□

上の2つの例は，ともに微分方程式の解として得られる流れである.

**定理 3.2**　$\mathbb{R}^n$ 上の流れ $\{T_t \mid t \in \mathbb{R}\}$ は，各 $x$ に対して $T_t x$ が $t$ について微分可能ならば，ある自励的な常微分方程式から定まる流れである.

［証明］　$T_t x$ は $t$ について微分可能だから，$t=0$ における微分を $a(x)$ とおく．すなわち，

$$a(x) = \left. \frac{d}{dt} \right|_{t=0} T_t x \,. \tag{3.3}$$

このとき，流れの性質(b)より，

$$\frac{d}{dt}T_t x = \frac{d}{ds}\bigg|_{s=0} T_{t+s}x = \frac{d}{ds}\bigg|_{s=0} T_s(T_t x) = a(T_t x)\,.$$

したがって，$x(t)=T_t x_0$ は，$a(x)$ を右辺とする常微分方程式の解である．∎

ある量 $f(x)$ の流れに沿う変化を調べてみよう．

流れ $\{T_t\}$ は初期値問題(3.1)から定まるものとし，$x(t)=T_t x_0$ とすると，

$$\frac{d}{dt}f(x(t)) = \sum_{i=1}^{n}\frac{\partial f}{\partial x_i}(x(t))\frac{d}{dt}x_i(t) = \sum_{i=1}^{n}\frac{\partial f}{\partial x_i}(x(t))a_i(x(t)),$$

すなわち，

$$\frac{d}{dt}f(T_t x) = \mathcal{A}f(T_t x) \tag{3.4}$$

ただし，

$$\mathcal{A}f(x) = \sum_{i=1}^{n} a_i(x)\frac{\partial f}{\partial x_i}(x)\,. \tag{3.5}$$

ここで現れた $\mathcal{A}$ のように，(微分可能な)関数 $f$ を関数 $\mathcal{A}f$ に写す線形写像を，**微分作用素**(differential operator)ということがある．

**例題 3.3**　次の 1 階の偏微分方程式の初期値問題を解け．ただし，$a_{ij}\in\mathbb{R}$ $(i,j=1,2)$，$u_0(x)$ $(x\in\mathbb{R}^2)$ は連続関数とする．

$$\begin{cases} \dfrac{\partial u}{\partial t}(t,x)+(a_{11}x_1+a_{12}x_2)\dfrac{\partial u}{\partial x_1}(t,x)+(a_{21}x_1+a_{22}x_2)\dfrac{\partial u}{\partial x_2}(t,x)=0, \\ u(0,x)=u_0(x)\,. \end{cases} \tag{3.6}$$

［解］　まず，

$$\mathcal{A}f(x) = (a_{11}x_1+a_{12}x_2)\frac{\partial f}{\partial x_1}(x)+(a_{21}x_1+a_{22}x_2)\frac{\partial f}{\partial x_2}(x)$$

とおき，微分方程式

$$\frac{dx}{dt} = a(x) \quad (a(x)=Ax,\ A=(a_{ij})_{i,j=1,2})$$

が定める流れを $\{T_t\}$ とする．（よって，$T_t x = (\exp tA)x$.）

このとき，

$$u(t,x) = u_0(T_{-t}x) \tag{3.7}$$

とおくと，

$$\frac{d}{dt}u(t,T_t x) = \frac{\partial u}{\partial t}(t,T_t x) + \mathcal{A}u(t,T_t x)\,. \tag{3.8}$$

（$\mathcal{A}u(t,x)$ は $u(t,x)$ を $x$ の関数と見て $\mathcal{A}$ を施したもの.）一方，

$$\frac{d}{dt}u(t,T_t x) = \frac{d}{dt}u_0(x) = 0\,.$$

よって，(3.8)より，

$$\frac{\partial u}{\partial t}(t,x) + \mathcal{A}u(t,x) = 0\,.$$

ゆえに，(3.7)で与えた $u(t,x)$ は(3.6)の解である．

最後に，この他には解がないことを示そう．$u(t,x)$ が(3.6)をみたせば，(3.8)より，$u(t,T_t x) \equiv u(0,x) = u_0(x)$．よって，(3.7)が成り立つ．

以上から，(3.6)の解はただ1つで，次のようになる．

$$u(t,x) = u_0(T_{-t}x) = u_0(\exp(-tA)x)\,.$$

∎

**注意**　上の例題の解では，(3.6)の係数が $x$ の1次式であることは，流れ $T_t$ が定まること以外に用いていない．

**問1**　$u_0(x)$, $c(t,x)$ $(t \in \mathbb{R},\ x \in \mathbb{R}^2)$ を連続関数とするとき，偏微分方程式の初期値問題

$$\begin{cases} \dfrac{\partial u}{\partial t}(t,x) + \sum\limits_{i=1}^{n} a_i(x)\dfrac{\partial u}{\partial x_i}(t,x) + c(t,x)u(t,x) = 0 \\ u(0,x) = u_0(x) \end{cases} \tag{3.9}$$

の解はただ1つで，次式で与えられることを示せ．

$$u(t,x) = u_0(T_{-t}x)\exp\int_0^t c(s,T_s x)ds\,. \tag{3.10}$$

**注意 3.4**　上述のように，常微分方程式(3.1)と1階偏微分方程式とは密接な関係がある．少し高級な専門書では，このことをもとにして，ベクトル場 $a(x)$ と微分作用素 $\mathcal{A}$ を同一視して，

$$a(x) = \sum_{i=1}^{n} a_i(x) \frac{\partial}{\partial x_i}$$

のように表記することがある．このように表記すると，変数変換に関する計算の見通しがよくなる．

また，ベクトル場 $a(x)$ を右辺とする自励的な常微分方程式が定める流れを，ベクトル場 $a(x)$ が**生成**する流れともいい，$\mathcal{A}$ を $\{T_t\}$ の**生成作用素**(generating operator，略して，generator)ということもある．

**問 2**　微分方程式 $dx/dt = a(x)$ を，$y = \varphi(x)$ と変数変換した方程式を $dy/dt = b(y)$ とするとき，ベクトル場 $b(y) = b(\varphi(x))$ を $a(x)$ を用いて表せ．

**定理 3.5**　$\{T_t\}$ を $\mathbb{R}^n$ 上の $C^1$ 級のベクトル場 $a(x)$ の生成する流れとする．このとき，点 $x$ における体積変化率は，**発散**(divergence)

$$\operatorname{div} a(x) = \sum_{i=1}^{n} \frac{\partial a_i}{\partial x_i}(x) \tag{3.11}$$

で与えられる．すなわち，体積が有限な有界領域 $D$ に対して，等式

$$\left.\frac{d}{dt}\right|_{t=0} \int_{T_t(D)} dx = \int_D \operatorname{div} a(x) dx \tag{3.12}$$

が成り立つ．

［証明］　$y = T_t x$ とすると，§1.3 の定理 1.28 より，$z^{(i)} = \partial y / \partial x_i$ は

$$\begin{cases} \dfrac{dz_j^{(i)}}{dt} = \displaystyle\sum_{k=1}^{n} \frac{\partial a_j}{\partial x_k}(y) z_k^{(i)} \quad (j = 1, 2, \cdots, n) \\ z_j^{(i)}(0) = \delta_j^i = \begin{cases} 1 & (i = j) \\ 0 & (i \neq j) \end{cases} \end{cases}$$

をみたすから，とくに，

$$z_j^{(i)}(t) = \delta_j^i + t \frac{\partial a_j}{\partial x_i}(x) + o(t) \quad (t \to 0).$$

したがって，変換 $y=T_tx$ のヤコビ行列式を $J_t(x)$ とすると，$t\to 0$ のとき，

$$
\begin{aligned}
J_t(x) &= \det[z^{(1)}(t), z^{(2)}(t), \cdots, z^{(n)}(t)] \\
&= \det\begin{bmatrix} 1+t\dfrac{\partial a_1}{\partial x_1}+o(t) & t\dfrac{\partial a_1}{\partial x_2}+o(t) & \cdots & t\dfrac{\partial a_1}{\partial x_n}+o(t) \\ t\dfrac{\partial a_2}{\partial x_1}+o(t) & 1+t\dfrac{\partial a_2}{\partial x_2}+o(t) & \cdots & t\dfrac{\partial a_2}{\partial x_n}+o(t) \\ \vdots & \vdots & \ddots & \vdots \\ t\dfrac{\partial a_n}{\partial x_1}+o(t) & t\dfrac{\partial a_n}{\partial x_2}+o(t) & \cdots & 1+t\dfrac{\partial a_n}{\partial x_n}+o(t) \end{bmatrix} \\
&= 1+t\left(\frac{\partial a_1}{\partial x_1}+\frac{\partial a_2}{\partial x_2}+\cdots+\frac{\partial a_n}{\partial x_n}\right)+o(t)
\end{aligned}
$$

となる．よって，$J_0(x)=1$ で，

$$
\lim_{t\to 0}\frac{1}{t}(J_t(x)-J_0(x)) = \sum_{i=1}^{n}\frac{\partial a_i}{\partial x_i}(x) = \operatorname{div} a(x)\,.
$$

ゆえに，(3.12)を得る．∎

**系 3.6**　変数変換 $y=T_tx$ のヤコビ行列式 $J_t(x)$ は，

$$
J_t(x) = \exp\int_0^t \operatorname{div} a(T_sx)ds \tag{3.13}
$$

で与えられる．

［証明］　$T_{s+t}x=T_s(T_tx)$ より，$J_{s+t}(x)=J_s(T_tx)J_t(x)$．よって，

$$
\begin{aligned}
\frac{d}{dt}J_t(x) &= \left.\frac{d}{ds}\right|_{s=0} J_{s+t}(x) = \left.\frac{d}{ds}\right|_{s=0} J_s(T_tx)J_t(x) \\
&= \operatorname{div} a(T_tx)J_t(x)\,.
\end{aligned}
$$

これを解けば，$J_0(x)=1$ より，(3.13)を得る．∎

**例 3.7**　線形なベクトル場 $a(x)=Ax$ ($A=(a_{ij})$ は $n$ 次正方行列) の場合，

$$
\operatorname{div} a(x) = \sum_{i=1}^{n}\frac{\partial}{\partial x_i}\left(\sum_{j=1}^{n}a_{ij}x_j\right) = \sum_{i=1}^{n}a_{ii} = \operatorname{tr} A\,.
$$

一方，$a(x)$ の生成する流れ $\{T_t\}$ は行列 $\exp tA$ で与えられるから，$J_t(x)=\det(\exp tA)$ となり一定である．このとき，(3.13)は，行列に関する恒等式

$$\det(\exp tA) = \exp(t\,\mathrm{tr}\,A) \tag{3.14}$$

に他ならない. □

**問3** 行列 $A$ の固有値を $\alpha_1, \alpha_2, \cdots, \alpha_n$ として，(3.14)を証明せよ.

また，行列 $B$ のノルム $\|B\|$ が1より小さいとき，

$$\det(E+B) = \exp\sum_{n=1}^{\infty}\frac{(-1)^{n-1}}{n}\mathrm{tr}(B^n) \tag{3.14$'$}$$

を示せ. (§2.5の(2.83)で与えた行列の対数関数

$$\log(E+B) = \sum_{n=1}^{\infty}\frac{(-1)^{n-1}}{n}B^n$$

を用いて(3.14′)を示すこともできる.)

# §3.2 勾配系

**定義3.8** 与えられた $C^1$ 級関数 $V(x)$ によって，

$$\frac{dx}{dt} = -\,\mathrm{grad}\,V(x), \tag{3.15}$$

つまり，

$$\frac{dx_i}{dt} = -\frac{\partial V}{\partial x_i}(x) \quad (i=1,2,\cdots,n) \tag{3.15$'$}$$

で与えられる常微分方程式を**勾配系**(gradient system)であるという. また，$-\mathrm{grad}\,V(x)$ を**勾配ベクトル場**，$V(x)$ を**ポテンシャル**(potential)という.

**例題3.9** $A$ を実 $n$ 次正方行列とする. このとき，次の2条件は同値であることを示せ.

(a) 線形方程式 $dx/dt = Ax$ は勾配系である.

(b) $A$ は実対称行列である. □

[解] $Ax = -\,\mathrm{grad}\,V(x)$ ならば，$V(x)$ は $x_1, x_2, \cdots, x_n$ の2次式だから，ある行列 $B$ によって，$V(x) = \langle Bx, x\rangle$ と書ける. すると，$Ax = -\,\mathrm{grad}\,V(x)$

$=-Bx-{}^tBx$. ゆえに，$A=-B-{}^tB$ は対称行列である．逆に，$A$ が対称ならば，$Ax=-\operatorname{grad}(-\langle Ax,x\rangle/2)$ となるから，勾配系である． ∎

上の例題 3.9 により，線形の勾配系 $dx/dt=Ax$ は直交変換 $y=Px$ により，次の形に帰着できる．$\alpha_1,\alpha_2,\cdots,\alpha_n$ を $A$ の固有値として

$$\frac{dx_i}{dt}=-\alpha_i x_i \quad (i=1,2,\cdots,n). \tag{3.16}$$

よって，解は $x_i(t)=c_ie^{-\alpha_it}$ $(i=1,2,\cdots,n)$ と書ける．これから，$t\to\infty$ のときの解の挙動がすべてわかり，

$$\begin{cases} \alpha_i<0,\ c_i\neq 0 & \Longrightarrow \quad |x_i(t)|\to\infty \quad (t\to\infty) \\ \alpha_i>0,\ c_i\neq 0 & \Longrightarrow \quad |x_i(t)|\to 0 \quad (t\to\infty) \\ \alpha_i=0 \text{ または } c_i=0 & \Longrightarrow \quad x_i(t)\equiv c_i \end{cases}$$

となる．とくに，

$$\text{すべての } \alpha_i \text{ が正ならば，} x(t)\to 0 \quad (t\to\infty).$$

平面領域 $D$ 上の勾配系の定める流れは，点 $x$ での高さが $V(x)$ である土地を流れる雨水の軌跡を想起すればよい(図 3.2)．

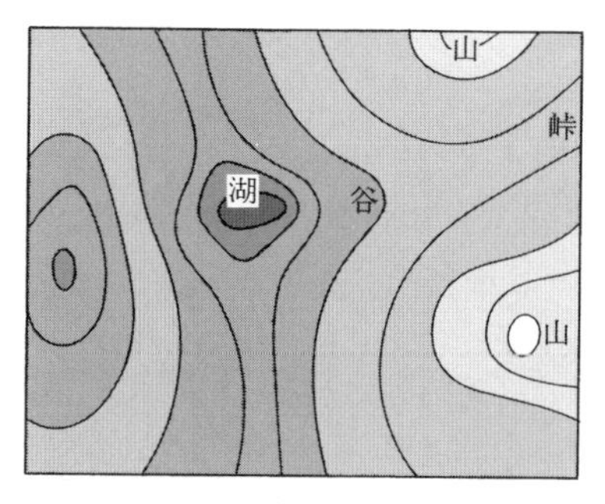


**図 3.2**　ポテンシャルの等高線

以下，まず，水は流れ落ちることを示し，次に，非退化な臨界点 $x_0$ での流れの様子はヘッセ(Hesse)行列 $\mathrm{Hess}_V(x_0)$ できまることを示そう．

**定理 3.10**

(i) 勾配系(3.15)の任意の解 $x(t)$ に沿って，$V(x(t))$ は非増加関数である．

(ii) 点 $x_0$ がポテンシャル $V(x)$ の臨界点ならば，つまり，$\operatorname{grad} V(x_0)=0$ ならば，$x(t)\equiv x_0$ は勾配系(3.15)の定数解である．

(iii) $V(x)$ が $C^2$ 級で，その臨界点 $x_0$ において，ヘッセ行列

$$\mathrm{Hess}_V(x_0)=\left(\frac{\partial^2 V}{\partial x_i \partial x_j}(x_0)\right)_{1\leqq i,j\leqq n} \tag{3.17}$$

をもつと仮定する．

(a) $\mathrm{Hess}_V(x_0)$ が狭義正定値のとき，$x_0$ の近傍 $U$ があって，任意の解 $x(t)$ に対して，$x(0)\in U$ ならば，

$$\lim_{t\to\infty} x(t)=x_0\,. \tag{3.18}$$

(b) $\mathrm{Hess}_V(x_0)$ が狭義負定値のとき，$x_0$ の近傍 $U$ があって，任意の解 $x(t)$ に対して，$x(0)\in U$ ならば，

$$\lim_{t\to-\infty} x(t)=x_0, \tag{3.19}$$

さらに $x(0)\neq x_0$ ならば，ある時刻 $T$ がとれて，

$$t\geqq T \quad\Longrightarrow\quad x(t)\in U^c\,. \tag{3.20}$$ □

**定義 3.11**

(i) 一般に，$x(t)\equiv x_0$ が定数解のとき，点 $x_0$ を**不動点**または**固定点**(fixed point)という．

(ii) 不動点 $x_0$ に対して，上の(3.18)が成り立つように近傍 $U$ がとれるとき，$x_0$ は**リャプノフの意味で安定**，または単に，**リャプノフ安定**(Lyapunov stable)あるいは**漸近安定**(asymptotically stable)であるという．また，(3.19)が成り立つときは，負の向きにリャプノフ安定であるという． □

[定理 3.10 の証明]

(i) $x(t)$ が(3.15)の解ならば，

$$\frac{d}{dt}V(x(t)) = \sum_{i=1}^{n} \frac{\partial V}{\partial x_i}(x(t))\frac{dx_i}{dt}(t)$$
$$= -\sum_{i=1}^{n}\left(\frac{\partial V}{\partial x_i}(x(t))\right)^2 \leqq 0. \qquad (3.21)$$

（ii）　臨界点 $x_0$ において行列 $H = \mathrm{Hess}_V(x_0)$ が狭義正定値ならば，適当な直交変換 $P$ により，$P^{-1}HP$ は，対角成分 $\alpha_1 \geqq \alpha_2 \geqq \cdots \geqq \alpha_n > 0$ の対角行列にできる．簡単のため，以下 $H$ 自身がこのような対角行列であるとする．このとき，点 $x_0$ はその近くで唯一の $V(x)$ の最小化点であり，半径 $\delta$ を十分小さく選ぶと，球 $U = \{x \in \mathbb{R}^n\,;\, \|x-x_0\| < \delta\}$ 内では，

$$\mathrm{grad}\, V(x) = \mathrm{grad}\, V(x) - \mathrm{grad}\, V(x_0)$$

は $H(x-x_0)$ に十分近いから，

$$\langle \mathrm{grad}\, V(x), H(x-x_0)\rangle \geqq \frac{1}{2}\langle H(x-x_0), H(x-x_0)\rangle$$
$$\geqq \frac{1}{2}\alpha_n\langle H(x-x_0), x-x_0\rangle$$

が成り立つ．このとき，

$$\frac{d}{dt}\langle H(x-x_0), x-x_0\rangle = -2\langle H(x-x_0), \mathrm{grad}\, V(x_0)\rangle$$
$$\leqq -\alpha_n\langle H(x-x_0), x-x_0\rangle.$$

よって，$e^{\alpha_n t}\langle H(x-x_0), x-x_0\rangle$ は単調減少だから，

$$\langle H(x(t)-x_0), x(t)-x_0\rangle \leqq e^{-\alpha_n t}\langle H(x(0)-x_0), x(0)-x_0\rangle$$
$$\to 0 \quad (t\to\infty).$$

ゆえに，$\lim_{t\to\infty}(x(t)-x_0) = 0$.

（iii）　前半の部分(3.19)は，$t \to -t$, $V \to -V$ と置き換えれば，(ii)よりわかる．後半の部分を示そう．まず，点 $x_0$ はポテンシャル $V(x)$ の狭義極大点であることを思い出そう．したがって，正の数 $\delta$ を十分小さくとれば，中心 $x_0$，半径 $\delta$ の球 $\{x \in \mathbb{R}^n\,;\, \|x-x_0\| < \delta\}$ 内の臨界点は $x_0$ のみであるようにできる．次に，正の数 $\varepsilon$ を十分小さくとれば，曲面 $V(x) = V(x_0) - \varepsilon$ のうち，この球内にある部分は点 $x_0$ を囲む閉曲面となる．よって，

$$U = \{x \in \mathbb{R}^n \,;\, \|x - x_0\| < \delta,\ V(x) > V(x_0) - \varepsilon\}$$

は開集合であり，$x \in U$, $x \neq x_0$ ならば $\operatorname{grad} V(x) \neq 0$ だから，(i)より(3.20)を得る. ∎

**問4** (ii)の場合に，(3.20)を時間反転したものを示せ.

一般に，流れ $\{T_t\}$ の不動点 $x_0$ に対して，2つの集合

$$W^s(x_0) = \{x \mid \lim_{t\to\infty} T_t x = x_0\}, \quad W^u(x_0) = \{x \mid \lim_{t\to-\infty} T_t x = x_0\}$$

をそれぞれ，$x_0$ の**安定集合**(stable set)，**不安定集合**(unstable set)という.

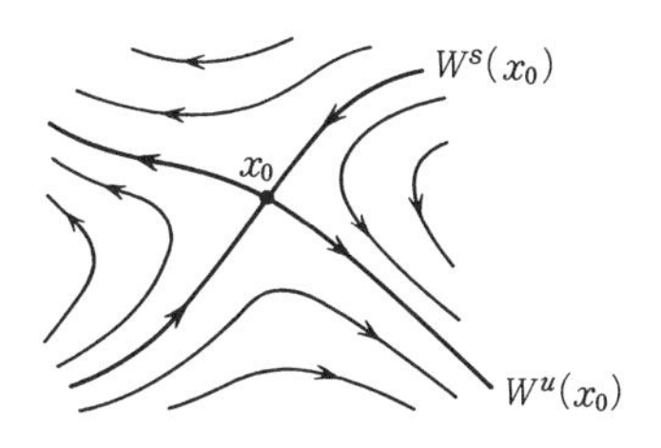


**図3.3** 安定集合と不安定集合

したがって，勾配系に対しては，ポテンシャル $V$ の狭義極小点 $x_0$ に対しては，$x_0$ の近くはその安定集合 $W^s(x_0)$ に含まれ，狭義極大点 $x_0$ に対して，$x_0$ の近くはその不安定集合 $W^u(x_0)$ に含まれる．また，$V$ の臨界点 $x_0$ が鞍点ならば，$W^s(x_0)$, $W^u(x_0)$ ともに存在し，空集合ではない.

上の議論を見直せば，勾配系でなくても，(3.21)に相当する微分不等式をみたす関数 $V(x)$ がとれれば，上の定理3.10の(ii)と同様の結論を導くことができる.

**定義3.12** 常微分方程式 $dx/dt = a(x)$ に対して，次の2つの性質をみたす $C^1$ 級関数 $V(x)$ があれば，$V(x)$ をこの方程式の**リャプノフ関数**という.

(a) この方程式の任意の解 $x(t)$ に対して，

$$\frac{d}{dt} V(x(t)) \leqq 0. \tag{3.22}$$

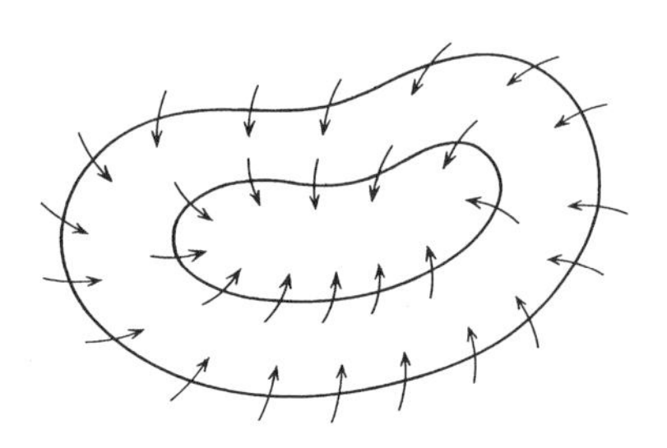

図 3.4　リャプノフ関数．流れはリャプノフ関数の各等高線に囲まれる領域に閉じ込められる．

（b）　すべての実数 $c$ に対して，$B_c=\{x \mid V(x) \leqq c\}$ は有界閉集合．　□

**例題 3.13**　次の方程式に対してリャプノフ関数を作れ．ただし，$f(x), g(x)$ は $\mathbb{R}$ 上の実数値連続関数で，$f(x)>0$，$U(x)=\int_0^x yg(y)dy$ は $x \to \pm\infty$ のとき，$+\infty$ に発散するものと仮定する．

$$\frac{d^2x}{dt^2}+f(x)\frac{dx}{dt}+g(x)x=0. \tag{3.23}$$

［解］　(3.23)は $v=dx/dt$ とおいて，正規形に直せば，

$$\frac{dx}{dt}=v, \quad \frac{dv}{dt}=-f(x)v-g(x)x$$

となる．ここで，

$$V(x,v)=\frac{1}{2}v^2+U(x)$$

とおくと，任意の解 $(x(t),v(t))$ に対して，

$$\begin{aligned}\frac{d}{dt}V(x(t),v(t)) &= v\frac{dv}{dt}+U'(x)\frac{dx}{dt}\\ &= v(-f(x)v-g(x)x)+g(x)xv=-f(x)v^2 \leqq 0.\end{aligned}$$

また，$\lim_{|x|\to\infty}U(x)=+\infty$，$\lim_{|v|\to\infty}v^2=+\infty$ に注意すれば，任意の実数 $c$ に対して，$\{(x,v) \mid V(x,v) \leqq c\}$ は有界閉集合となることがわかる．　■

上の(3.23)の形の方程式を**リエナール**(Liénard)**方程式**という．とくに，

$$f(x) = -a(1-x^2), \quad g(x) = b \quad (a, b \in \mathbb{R})$$

のとき，**ファン・デル・ポル(van der Pol)方程式**，

$$f(x) = a, \quad g(x) = 1-x^2 \quad (a \in \mathbb{R})$$

のとき，**ダッフィング(Duffing)方程式**といい，非線形振動論の代表的な方程式である．

## §3.3 ハミルトン系

ある滑らかな関数 $H(x)$ $(x \in \mathbb{R}^{2n})$ により，

$$\frac{dx_i}{dt} = \frac{\partial H}{\partial x_{i+n}}(x), \quad \frac{dx_{i+n}}{dt} = -\frac{\partial H}{\partial x_i}(x) \quad (i = 1, 2, \cdots, n) \tag{3.24}$$

で与えられる方程式を**ハミルトン(Hamilton)方程式**といい，$H(x)$ を**ハミルトン関数**またはハミルトニアンという．

ハミルトン方程式の任意の解 $x(t)$ に対して，

$$\begin{aligned}\frac{d}{dt}H(x(t)) &= \sum_{i=1}^{n}\left(\frac{\partial H}{\partial x_i}\frac{dx_i}{dt} + \frac{\partial H}{\partial x_{i+n}}\frac{dx_{i+n}}{dt}\right)\\ &= \sum_{i=1}^{n}\left(\frac{\partial H}{\partial x_i}\frac{\partial H}{\partial x_{i+n}} - \frac{\partial H}{\partial x_{i+n}}\frac{\partial H}{\partial x_i}\right) = 0\end{aligned}$$

となる．一般に，常微分方程式の任意の解に沿って一定である関数を**第1積分**(first integral)という．したがって，ハミルトン関数はハミルトン方程式の第1積分である．

**例 3.14** 振り子の方程式

$$\frac{d^2\theta}{dt^2} = -g\sin\theta \quad (g > 0 \text{ は定数}) \tag{3.25}$$

は $v = d\theta/dt$ とおいて正規形に直すと，

$$\frac{d\theta}{dt} = v, \quad \frac{dv}{dt} = -g\sin\theta \tag{3.25$'$}$$

となるから，ハミルトン関数が $H(\theta, v) = v^2/2 - g\cos\theta$ のハミルトン方程式

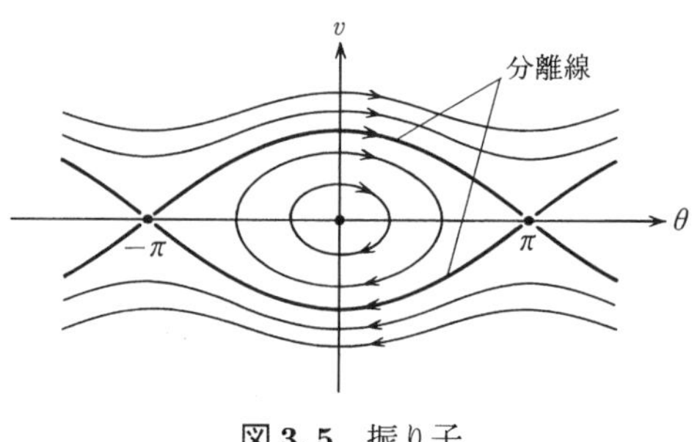


**図 3.5** 振り子

である.

曲線 $H(\theta, v) = C$ は定数 $C$ の値に応じて，図 3.5 のようになり，$(\theta, v) = (n\pi, 0)$ $(n \in \mathbb{Z})$ は不動点で，2 つの不動点 $((2n \pm 1)\pi, 0)$ は，$C = g$ とした曲線

$$v^2 = 2g(1+\cos\theta) = 4g\cos^2(\theta/2),$$

つまり，

$$v = \pm 2\sqrt{g}\cos(\theta/2) \tag{3.26}$$

で結ばれている．このような曲線を**分離線**(separatrix)という．この 2 つの曲線上で，不動点は $(\theta, v) = ((2n+1)\pi, v)$ $(n \in \mathbb{Z})$ のみであることから，この曲線の弧 $v = \pm 2\sqrt{g}\cos(\theta/2)$ $(-\pi < \theta < \pi)$ はそれぞれ(3.25)の 1 つの解軌道であることがわかる． □

**問 5** $d\theta/dt = \pm 2\sqrt{g}\cos(\theta/2)$，$\theta(0) = 0$ の解は，$\theta(t) = \pm 2\arctan\tanh(\sqrt{g}t/2)$ であり，$\lim_{t\to\pm\infty}\theta(t) = \pm\pi/2$ となることを示せ．

証明は簡単であるが，次の定理は重要である．

**定理 3.15** (リウヴィル(Liouville)) ハミルトン関数 $H$ が $C^2$ 級のとき，ハミルトン方程式の定める流れは体積を保つ．

[証明] (3.24)の右辺の定めるベクトル場の発散を計算すると，

$$\sum_{i=1}^{n}\frac{\partial}{\partial x_i}\left(\frac{\partial H}{\partial x_{i+n}}\right) + \sum_{i=1}^{n}\frac{\partial}{\partial x_{i+n}}\left(-\frac{\partial H}{\partial x_i}\right) = 0. \tag{3.27}$$

したがって，この流れを $\{T_t\}$ とすると，任意の体積有限な集合 $D$ に対して，

$$\int_{T_t(D)} dx_1 \cdots dx_{2n} = \int_D dx_1 \cdots dx_{2n}$$

が成り立つ. ∎

いま，$E, O$ をそれぞれ $n$ 次の単位行列，零行列として，$2n$ 次正方行列 $J$ を $J = \begin{pmatrix} O & E \\ -E & O \end{pmatrix}$ とおくと，ハミルトン系(3.24)は次のように書ける.

$$\frac{dx}{dt} = J \operatorname{grad} H(x). \tag{3.28}$$

とくに，ハミルトン関数 $H(x)$ が $x$ の2次式のとき，(3.24)を**線形ハミルトン方程式**という. $H(x)$ が $2n$ 次実対称行列 $H$ によって，$H(x) = \langle Hx, x \rangle / 2$ で与えられるとき，その勾配ベクトル場とハミルトン・ベクトル場は，次の形に書ける.

$$\operatorname{grad} H(x) = \begin{pmatrix} A & B \\ {}^t B & C \end{pmatrix} x, \quad J \operatorname{grad} H(x) = \begin{pmatrix} {}^t B & C \\ -A & -B \end{pmatrix} x. \tag{3.29}$$

ここで，$A, C$ は $n$ 次実対称行列，$B$ は $n$ 次正方行列である.

**例題 3.16**　$n=1$ の場合，滑らかなハミルトン関数 $H$ をもつハミルトン方程式の定める流れ $\{T_t\}$ の非退化な不動点 $x_0$ に対して，次のどちらか1つが成り立つことを示せ.

(a)　不動点 $x_0$ のある近傍は，この点を囲む閉周期軌道で埋め尽くされる.

(b)　不動点 $x_0$ の近傍に，この点で横断的に交わる2曲線 $\gamma^{(u)}, \gamma^{(s)}$ が存在し，

$$x \in \gamma^{(u)} \text{ ならば，} \quad \lim_{t \to -\infty} T_t x = x_0,$$

$$x \in \gamma^{(s)} \text{ ならば，} \quad \lim_{t \to +\infty} T_t x = x_0.$$

上で，(a)の場合，不動点 $x_0$ は**楕円型**(elliptic)あるいは**渦心**(centre)，(b)の場合，**双曲型**(hyperbolic)あるいは**鞍点**(saddle)という. (b)のとき，$\gamma^{(u)}$ は点 $x_0$ の不安定集合，$\gamma^{(s)}$ は安定集合となる.

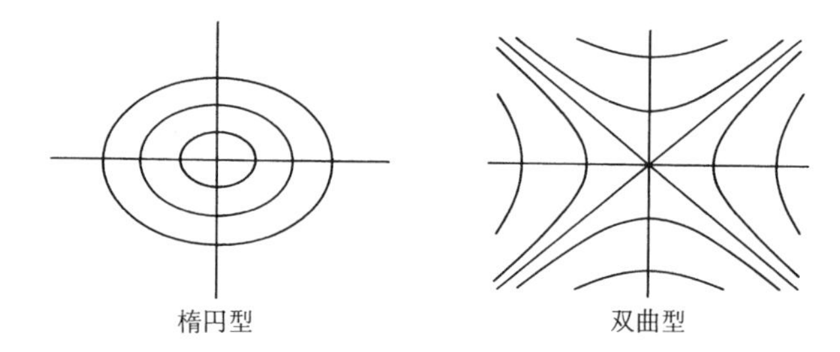


**図 3.6** 楕円型と双曲型

[解] $x_1=q$, $x_2=p$ と書き，$x_0=(q_0,p_0)$ とすると，$x_0$ はハミルトン関数 $H(x)$ の臨界点だから，

$$
\begin{aligned}
&H(q,p)-H(q_0,p_0)\\
&\quad=a(q,p)(q-q_0)^2+2b(q,p)(q-q_0)(p-p_0)+c(q,p)(p-p_0)^2 \qquad (3.30)
\end{aligned}
$$

と書ける．(3.30)は，

$$
A=a(q_0,p_0)=\frac{1}{2}\frac{\partial^2 H}{\partial q^2}(q_0,p_0),
$$

$$
B=b(q_0,p_0)=\frac{1}{2}\frac{\partial^2 H}{\partial q\partial p}(q_0,p_0),
$$

$$
C=c(q_0,p_0)=\frac{1}{2}\frac{\partial^2 H}{\partial p^2}(q_0,p_0)
$$

の値に応じて，次のように書ける．

1° $B^2<AC$ の場合．点 $(q_0,p_0)$ の近傍で，

$$
\left\{
\begin{aligned}
q'&=|a(q,p)|^{1/2}(q-q_0)+|a(q,p)|^{-1/2}b(q,p)(p-p_0)\\
p'&=|a(q,p)|^{-1/2}|a(q,p)c(q,p)-b(q,p)^2|^{1/2}(p-p_0)
\end{aligned}
\right. \qquad (3.31)
$$

と変数変換すると，

$$
H(q,p)=H(q_0,p_0)+\varepsilon(q'^2+p'^2)
$$

ただし，$\varepsilon$ は $A$ の符号

となる．よって，等高線 $H(q,p)=C$ は，$q'^2+p'^2=C'$ の形になり，点 $x_0$ の

ある近傍をこれらの閉曲線が埋め尽くす.

2° $B^2 > AC$ の場合. 点 $x_0$ の近くでは, $ac-b^2<0$ となるから, 変数変換(3.31)を施すと,

$$H(q,p) = H(q_0,p_0)+\varepsilon(q'^2-p'^2)$$

となる. したがって, 等高線 $H(q,p)=C$ は, $q'^2-p'^2=C'$ の形になり, 点 $x_0$ の近くは, $(q',p')$ 座標で見れば,

$$2\,\text{直線}\,q' = \pm p' \quad \text{および} \quad \text{双曲線}\,q'^2-p'^2 = C' \quad (C' \neq 0)$$

で埋め尽くされることになる. このとき, これらの2直線をもとの座標で見れば, 求める2曲線 $\gamma^{(u)}, \gamma^{(s)}$ を与えることになる.

3° $H(x)$ の臨界点 $x_0=(q_0,p_0)$ は非退化だから, その他の場合はない. ∎

**注意** 平面上の線形な流れの分類(§4.2)と比べると, ハミルトン系では非退化な不動点は, 上で見たように, 楕円型と双曲型の2種類に限定される. その理由は, 面積が保存されることによる.

## §3.4 全微分方程式と積分因子

この節では, 2変数 $x,y$ の場合に限定して話を進める.

2つの関数 $P(x,y)$, $Q(x,y)$ が与えられたとき,

$$P(x,y)dx+Q(x,y)dy = 0 \qquad (3.32)$$

の形のものを**全微分方程式**(total differential equation)といい, 曲線 $f(x,y)=0$ 上で(3.32)が成り立つとき, この曲線を(3.32)の**解曲線**であるという.

**例 3.17** 円 $x^2+y^2=r^2$ は全微分方程式 $x\,dx+y\,dy=0$ の解であり, 方程式 $a\,dx+b\,dy=0$ $(a,b\in\mathbb{R})$ の解曲線は直線 $ax+by=c$ ($c\in\mathbb{R}$ は任意定数) である. □

**例 3.18** 微分方程式

$$\frac{dy}{dx} = f(x,y) \qquad (3.33)$$

の解は，全微分方程式 $dy-f(x,y)dx=0$ をみたす． □

**例 3.19**　平面上の常微分方程式

$$\begin{cases} \dfrac{dx}{dt} = a(x,y) \\ \dfrac{dy}{dt} = b(x,y) \end{cases} \tag{3.34}$$

の解曲線は，全微分方程式 $b(x,y)dx-a(x,y)dy=0$ をみたす．実際，(3.34)の解 $(x(t),y(t))$ を，助変数 $t$ により表示された曲線と考えれば，この曲線上で，$dx=a(x,y)dt$, $dy=b(x,y)dt$ が成り立つから，

$$b(x,y)dx = a(x,y)dy\,.$$

□

全微分方程式(3.32)に対して，もし，

$$\frac{\partial F}{\partial x} = P, \quad \frac{\partial F}{\partial y} = Q \tag{3.35}$$

をみたす関数 $F$ があれば，$F$ の(全)微分は

$$dF = P\,dx + Q\,dy \tag{3.36}$$

だから，曲線 $F(x,y)=c$ は(3.32)の解曲線であることがわかる．

しかし，このような関数 $F$ は一般には存在しない．実際，$P,Q$ が $C^1$ 級関数で(3.35)が成り立てば，$F$ は $C^2$ 級関数であり，

$$\frac{\partial P}{\partial y} = \frac{\partial^2 F}{\partial y \partial x} = \frac{\partial^2 F}{\partial x \partial y} = \frac{\partial Q}{\partial x}$$

が成り立つ必要がある．

**定理 3.20**　$P,Q$ が円板 $x^2+y^2<r^2$ 上で定義された $C^1$ 級関数で，

$$\frac{\partial P}{\partial y} = \frac{\partial Q}{\partial x} \tag{3.37}$$

が成り立つならば，ある $C^2$ 級関数 $F$ が存在して，

$$dF = P\,dx + Q\,dy$$

が成り立つ．(これを**ポアンカレ(Poincaré)の補題**という．)

一般に，$P\,dx+Q\,dy$ の形のものを**微分形式**(differential form)といい，微

分形式 $P\,dx+Q\,dy$ は(3.36)の形に書けるとき，**完全**(exact)，また，(3.37)が成り立つとき，**閉**(closed)であるという．

［証明］

$$F(x,y)=\int_0^1\{xP(tx,ty)+yQ(tx,ty)\}dt \tag{3.38}$$

とおくと，

$$\begin{aligned}\frac{\partial F}{\partial x}(x,y)&=\int_0^1\left\{P(tx,ty)+tx\frac{\partial P}{\partial x}(tx,ty)+ty\frac{\partial Q}{\partial x}(tx,ty)\right\}dt\\&=\int_0^1\left\{P(tx,ty)+tx\frac{\partial P}{\partial x}(tx,ty)+ty\frac{\partial P}{\partial y}(tx,ty)\right\}dt\\&=\int_0^1\left\{P(tx,ty)+t\frac{d}{dt}P(tx,ty)\right\}dt\\&=\int_0^1\frac{d}{dt}\{tP(tx,ty)\}dt\\&=tP(tx,ty)\big|_{t=0}^{t=1}\\&=P(x,y).\end{aligned}$$

同様にして，

$$\frac{\partial F}{\partial y}(x,y)=Q(x,y).$$

よって，$P,Q$ は $C^1$ 級，ゆえに，$F$ は $C^2$ 級で，

$$dF=\frac{\partial F}{\partial x}dx+\frac{\partial F}{\partial y}dy=P\,dx+Q\,dy.$$

∎

**注意 3.21**　上の証明中の(3.38)の右辺は，原点と点 $(x,y)$ を結ぶ線分 $x(t)=tx$，$y(t)=ty$ $(0\leqq t\leqq 1)$ 上の線積分である．一般に，$\mathbb{R}^n$ 内の領域 $D$ に対しても($D$ が弧状連結かつ単連結ならば，つまり)，その各点 $(x,y)$ と固定した点 $(x_0,y_0)$ を結ぶ滑らかな曲線族 $\varphi(t;x,y)$ $(0\leqq t\leqq 1)$ があれば，この曲線上で，$P\,dx+Q\,dy$ を $\varphi(0;x,y)=(x_0,y_0)$ から $\varphi(1;x,y)=(x,y)$ まで線積分した値を $F(x,y)$ とおいて，上の定理を証明することができる．

**定義 3.22**　全微分方程式(3.32)に対して，もし，ある関数 $\mu=\mu(x,y)$ が

存在して，$\mu(P\,dx+Q\,dy)$ が完全微分形式ならば，つまり，

$$dF = \mu(P\,dx+Q\,dy) \tag{3.39}$$

となる関数 $F(x,y)$ が存在するならば，$\mu(x,y)$ を(3.32)の**積分因子**(integrating factor)という．□

**問6**　全微分方程式 $y\,dx+dy=0$ に対して，$e^x, 1/y$ はそれぞれ積分因子であることを示し，積分 $F$ を求めよ．

もし，全微分方程式(3.32)が積分因子 $\mu(x,y)$ をもてば，次の偏微分方程式をみたす．

$$Q\frac{\partial\mu}{\partial x}-P\frac{\partial\mu}{\partial y}-\left(\frac{\partial P}{\partial y}-\frac{\partial Q}{\partial x}\right)\mu=0. \tag{3.40}$$

実際，積分因子 $\mu$ に対しては，$\partial(\mu P)/\partial y=\partial(\mu Q)/\partial x$ が成り立つ．これを整理すれば，(3.40)を得る．

**注意3.23**　例3.19のように全微分方程式と常微分方程式を対応させれば，$P\,dx+Q\,dy=dF$ と書けることは，

$$\frac{dx}{dt}=Q=\frac{\partial F}{\partial y},\quad \frac{dy}{dt}=-P=-\frac{\partial F}{\partial x}$$

となること，つまり，この平面上の常微分方程式がハミルトン方程式であることと同値である．また，もし常微分方程式 $dx/dt=Q$, $dy/dt=-P$ が第1積分 $F$ をもてば，解に沿って $dF/dt=Q\,\partial F/\partial x-P\,\partial F/\partial y=0$ だから，$F$ の勾配ベクトル $(\partial F/\partial x, \partial F/\partial y)$ はベクトル $(P,Q)$ に比例する，言いかえれば，(3.19)をみたす関数 $\mu$ が存在する．

**定理3.24**　$a(x)$ を $\mathbb{R}^n$ 上の連続なベクトル場，$\mu(x)$ を0でない実数値連続関数として，2つの常微分方程式

$$\frac{dx}{dt}=a(x),\quad \frac{dx}{dt}=\mu(x)a(x) \tag{3.41}$$

がそれぞれ流れ $\{T_t\}$, $\{S_t\}$ を定めると仮定する．このとき，ある関数 $\tau(t,x)$ が存在して

$$S_t x = T_{\tau(t,x)} x \tag{3.42}$$

が成り立つ．さらに，$\tau(t,x)$ は次の性質をみたす．

$$\tau(t+s,x) = \tau(t,x) + \tau(s, T_t x)\,. \tag{3.43}$$ □

**注意**　このとき，流れ $\{S_t\}$ は $\{T_t\}$ の**時間変更**(time change)という．性質(3.43)は，$\{T_t\}$ が流れのとき，$\{S_t\}$ も流れであることを保証する条件で，コサイクル条件ということがある．また，(3.43)をみたす関数 $\tau(t,x)$ をこの流れのコサイクル(cocycle)あるいは加法的関数(additive function)ということがある．なお，(3.41)に現れる 2 つのベクトル場 $a(x)$ と $\mu(x)a(x)$ は，各点でのベクトルの方向は同じで，大きさのみ異なっているので，それらの解は曲線としては同じものとなり，上のような時間変更が可能となる．

[定理 3.24 の証明]　(3.41)の第 1 の方程式を考え，$x(t)=S_t x_0$ と書き，

$$s(t) = \int_0^t \mu(x(t))dt$$

とおけば，

$$\frac{dx}{ds} = \frac{dx}{dt}\Big/\frac{ds}{dt} = \mu(x)a(x)/\mu(x) = a(x)$$

となる．つまり，

$$s(t) = s \text{ のとき，} \quad S_t x_0 = T_s x_0\,.$$

ところで，

$$\frac{ds}{dt}(t) = \mu(S_t x_0) = \mu(T_{s(t)} x_0)$$

だから，

$$t = \int_0^{s(t)} \frac{ds}{\mu(T_s x_0)}\,.$$

よって，$\displaystyle\int_0^t ds/\mu(T_s x)$ の逆関数を $\tau(t,x)$ とすれば，

$$S_t x = T_{\tau(t,x)} x$$

が成り立つ．　■

《まとめ》

**3.1**　力学系の概念と常微分方程式の関係，発散の意味，勾配系とハミルトン系の性質，全微分方程式の意味

**3.2**　主な用語

流れ(力学系)，微分作用素，1階偏微分方程式，生成作用素，発散，勾配系，ベクトル場，ポテンシャル，不動点(固定点)，リャプノフ安定，リャプノフ関数，安定・不安定集合，ハミルトン関数，第1積分，分離線，リウヴィルの定理，楕円型・双曲型(不動点)，鞍点，渦心，全微分方程式，積分因子，ポアンカレの補題，(流れの)時間変更

**3.3**　方程式

リエナール方程式(ダッフィング方程式，ファン・デル・ポル方程式)，振り子の方程式，線形ハミルトン方程式

## 演習問題

**3.1**　$\rho(x)$ を非負値関数として，領域 $V$ の重みつき体積を $\int_V \rho(x)dx$ で定める．$a(x), \rho(x)$ が $C^1$ 級のとき，微分方程式 $dx/dt = a(x)$ の定める流れがこの重みつき体積を保つための必要十分条件は，$\operatorname{div}(\rho a) = 0$ であることを示せ．

**3.2**　$\pi_i > 0$ $(1 \leqq i \leqq n)$，$\sum_{i=1}^{n} \pi_i = 1$，$a_{ij} > 0$，$a_{ii} = 0$，$\pi_i a_{ij} = \pi_j a_{ji}$ $(i \neq j)$ として，$a_i = \sum_{j \neq i} a_{ij}$ とおく．このとき，方程式

$$\frac{dp_i}{dt} = \sum_{j=1}^{n} p_j a_{ji} - p_i a_i$$

について次のことを示せ．

(1)　初期値 $p(0)$ が確率ベクトル(つまり，各成分が非負で，その和が1)ならば，解 $p(t) = (p_1(t), \cdots, p_n(t))$ もそうである．(ヒント．$x_i = p_i \exp a_i t$)

(2)　$h(p) = \sum_{i=1}^{n} p_i \log(p_i/\pi_i)$ はこの方程式のリャプノフ関数である．

(3)　任意の確率ベクトル解 $p(t)$ に対して，$\lim_{t \to \infty} p(t) = \pi = (\pi_1, \cdots, \pi_n)$．

(この方程式は，対称マルコフ連鎖に対するフォッカー–プランク(Fokker-Planck)方程式と呼ばれており，(2)はエントロピー増大則を表す．)

**3.3**　ハミルトン方程式

$$\frac{dq_i}{dt} = p_i, \quad \frac{dp_i}{dt} = -\sum_{j \neq i} (q_j - q_i)^{-3} \quad (1 \leqq i \leqq n)$$

の解に対して，$l_{ii} = p_i$，$l_{ij} = (q_i - q_j)^{-1}$ $(i \neq j)$ により正方行列 $L = (l_{ij})$ を定めると，$\mathrm{tr}(L^m)$（$m$ は自然数）はすべてこの方程式の第1積分であることを次の手順で示せ．（最初の数項は容易に直接確かめられる．）

（1）一般に，$dL/dt = [B, L] = BL - LB$ が成り立てば，$\mathrm{tr}(L^m)$ は $t$ によらない．

（2）$b_{ii} = \sum_{k \neq i} (q_k - q_i)^{-2}$，$b_{ij} = (q_i - q_j)^{-2}$ $(i \neq j)$ により正方行列 $B = (b_{ij})$ を定めると，（1）の関係式が成り立つ．

（この方程式は**カロジェロ–モーザー**（Calogero-Moser）**方程式**，（1）は**ラックス**（Lax）**の関係式**という．）

**3.4** 全微分方程式 $P(x,y)dx + Q(x,y)dy = 0$ は，任意の $t \in \mathbb{R}$ に対して変換 $T_t(x,y) = (e^t x, e^{-t} y)$ のもとで不変であると仮定する．このとき，以下のことを示せ．

（1）$e^t P(e^t x, e^{-t} y) = P(x,y), \quad e^{-t} Q(e^t x, e^{-t} y) = Q(x,y).$

（2）$P + x\dfrac{\partial P}{\partial x} - y\dfrac{\partial P}{\partial y} = 0, \quad -Q + x\dfrac{\partial Q}{\partial x} - y\dfrac{\partial Q}{\partial y} = 0.$

（3）$\mu = 1/(xP - yQ)$ はこの全微分方程式の積分因子である．

（4）次の2つの方程式を解け．（工夫して直接解いてから，（3）の意味を考えよ．）

（a）$x^2 \dfrac{dy}{dx} = xy + 2$ （b）$x^2 \dfrac{d^2 y}{dx^2} + 3x \dfrac{dx}{dy} = x^{-4} y^{-3}.$

# 4 安定性と極限周期軌道

安定性が工学的に重視されてきたことは理解しやすいが，一方で不安定性も重要で，例えば，安定性の良過ぎる航空機は突風などの際の操縦が難しくなるという．この章では，線形方程式の安定性・不安定性の諸概念と判定法を学び，線形化方程式を利用して定数解の安定性を調べる．さらに力学系の視点を押し進めて，ポアンカレ–ベンディクソンの理論のさわりの部分を紹介し，システムとしての安定性や力学系の分岐問題にも触れる．

## §4.1　定数係数線形方程式の安定性

微分方程式の解の振舞いを調べるとき，最も基本的なことは，解の安定性，不安定性の問題である．

まず最初に，線形常微分方程式の場合に，$x(t)\equiv 0$ という定数解の安定性の問題を考えてみよう．

**定義 4.1**　正規形の斉次線形常微分方程式

$$\frac{dx}{dt} = A(t)x, \quad A(t) = (a_{ij}(t))_{1\leqq i,j\leqq n} \tag{4.1}$$

に対して，定数解 $x(t)\equiv 0$ が**漸近安定**あるいは**リャプノフ(Lyapunov)安定**であるとは，(4.1)の他のすべての解 $x(t)$ に対して，

$$\lim_{t\to\infty} x(t) = 0 \tag{4.2}$$

が成り立つことをいう. □

定数係数の場合,

$$\frac{dx}{dt} = Ax, \quad A = (a_{ij})_{1 \leqq i,j \leqq n} \tag{4.3}$$

の解 $x(t)$ は, 初期値が $x(0)=c$ ならば,

$$x(t) = (\exp tA)c \tag{4.4}$$

で与えられた(§2.4). この形から解の安定性について次のことがいえる.

**定理 4.2**　定数係数線形常微分方程式(4.3)に対して, 次の2つの条件は互いに同値である.

(a)　(4.3)が漸近安定, つまり(4.3)の任意の解 $x(t)$ に対して,

$$\lim_{t\to\infty} x(t) = 0.$$

(b)　係数行列 $A$ の任意の固有値 $\alpha$ の実部 $\mathrm{Re}\,\alpha$ は負である.

[証明]　(a)から(b)を示そう. $\alpha$ を行列 $A$ の固有値, $c$ を $\alpha$ に対応する固有ベクトルとすると, (4.2)より,

$$x(t) = (\exp tA)c = (\exp t\alpha)c \to 0 \quad (t \to \infty).$$

よって,

$$|\exp t\alpha| = \exp t\,\mathrm{Re}\,\alpha \to 0 \quad (t \to \infty).$$

ゆえに, $\mathrm{Re}\,\alpha < 0$.

次に, (b)から(a)を示そう. ジョルダン標準形を用いる. $A$ がジョルダン因子の場合に示せばよい. ところでジョルダン因子の各成分は, ( $t$ の多項式) $\times \exp t\alpha$ の形であったから, $\mathrm{Re}\,\alpha < 0$ ならば, $t \to \infty$ のとき0に収束する. ゆえに, 行列 $A$ のすべての固有値の実部が負ならば, $\exp tA \to 0$ $(t \to \infty)$, よって, (a)が成り立つ. ■

**問1**　正方行列 $A$ に対して, 次の2条件は同値であることを示せ.

(a)　$\lim_{n\to\infty} A^n = O$.

(b)　行列 $A$ の任意の固有値 $\alpha$ について, $|\alpha| < 1$.

上の定理とまったく同様にして，単独の定数係数線形常微分方程式

$$\frac{d^n u}{dt^n}+c_1\frac{d^{n-1}u}{dt^{n-1}}+\cdots+c_n u=0 \tag{4.5}$$

に対して，次の 2 条件が互いに同値であることが示される．

（a）　任意の解 $u(t)$ に対して，$\lim_{t\to\infty} u(t)=0$．

（b）　特性多項式 $P(z)$ の根の実部はすべて負である．

この場合も，定数解 $u(t)\equiv 0$（あるいは，方程式(4.5)）が漸近安定であるという．

**注意 4.3**　線形常微分方程式は，そのすべての解 $x(t)$ が $t\geqq 0$ で有界なとき，**ポアソン安定**であるという．定数係数常微分方程式がポアソン安定であるための必要十分条件は，行列 $A$ の任意の固有値 $\alpha$（または特性多項式 $P(z)$ の任意の根 $\alpha$）について次のどちらかが成り立つことである．

（イ）　$\mathrm{Re}\,\alpha<0$．

（ロ）　$\mathrm{Re}\,\alpha=0$，かつ，$\alpha$ に対応するジョルダン因子は $1\times 1$ 行列（$\alpha$ が $P(z)$ の単根ならば，$\mathrm{Re}\,\alpha=0$ のみでよい）．

**問 2**　方程式 $d^2u/dt^2+a\,du/dt+bu=0$ $(a,b\in\mathbb{R})$ がリャプノフ安定であるための必要十分条件は，$a>0$ かつ $b>0$ であることを証明せよ．また，ポアソン安定であるための必要十分条件は，$a\geqq 0$, $b\geqq 0$ かつ $a+b>0$ であることを示せ．

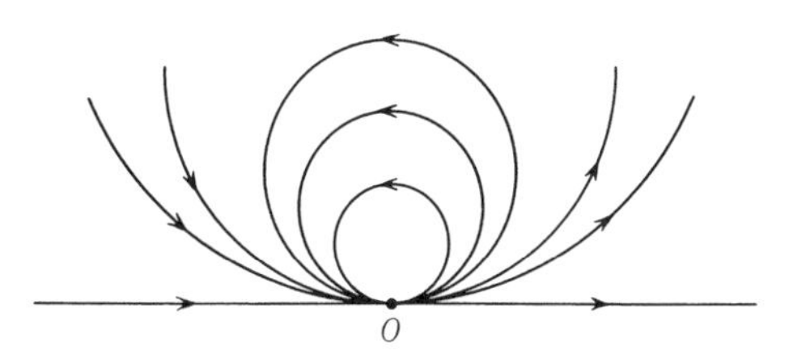


**図 4.1**　ポアソン安定でないがリャプノフ安定な流れもある

上の定理 4.2 は次のように言い換えることができる．

**系 4.4**　正方行列 $A$ に対して，次の 2 条件は同値である．

（a′）　$\lim_{t\to\infty} \exp tA = O$（零行列）.

（b）　$A$ の任意の固有値の実部は負である. □

**注意 4.5**　ジョルダン標準形を用いれば，より強く次のこともいえる.

1°　$\lim_{t\to\infty} t^{-1}\log\|\exp tA\| = \max\{\mathrm{Re}\,\alpha \mid \alpha$ は $A$ の固有値$\}$.

2°　(4.1)の恒等的に 0 でない任意の解 $x(t)$ に対して，極限 $\lim_{t\to\infty} t^{-1}\log\|x(t)\|$ が存在する．これをこの解の**リャプノフ指数**という．なお，この極限値は，$A$ の固有値の実部の 1 つである.

**例題 4.6**　$n$ 次正方行列 $A$ の固有値の実部がすべて負で，$b(t)$ が有界で連続な $\mathbb{R}^n$ 値関数のとき，次の方程式の解 $x(t)$ は $t \geqq 0$ で有界であることを示せ.

$$\frac{dx}{dt} = Ax + b(t). \tag{4.6}$$

［解］　定数変化法により，(4.6)の解は，

$$x(t) = (\exp tA)c + \int_0^t (\exp(t-s)A)b(s)ds$$

と書けた．$A$ の任意の固有値 $\alpha$ に対して $\mathrm{Re}\,\alpha < 0$ だから，$t\to\infty$ のとき，$(\exp tA)c \to 0$．また，上の注意 4.5 の 1° より，$\int_0^\infty \|\exp tA\|dt < \infty$ だから，

$$\begin{aligned}\left\|\int_0^t (\exp(t-s)A)b(s)ds\right\| &\leqq \int_0^t \|\exp(t-s)A\|ds \cdot \sup_{s\geqq 0}\|b(s)\| \\ &\leqq \int_0^\infty \|\exp tA\|dt \cdot \sup_{s\geqq 0}\|b(s)\| < \infty.\end{aligned}$$

■

$dx/dt = Ax$ がポアソン安定であるが，リャプノフ安定でない場合には，上の例題の結論は成立しない.

**例 4.7**　次の方程式が非有界な解をもつために実定数 $a, \omega$ がみたすべき条件は，$a \leqq 0$ である.

$$\frac{d^2u}{dt^2}+au=\cos\omega t. \qquad \square$$

なお，上の例題 4.6 で，とくに，$b(t)\equiv b$（定ベクトル）のときには

$$\int_0^t(\exp(t-s)A)b\,ds = \left(\int_0^t \exp sA\,ds\right)b = A^{-1}(\exp tA-E)b$$
$$\to -A^{-1}b \quad (t\to\infty)$$

となるから，すべての解 $x(t)$ は $t\to\infty$ のとき，定数解 $-A^{-1}b$ に収束する．

**注意 4.8**　多項式 $P(z)=z^n+c_1z^{n-1}+\cdots+c_n$ の根の実部がすべて負のとき，この多項式を**安定多項式**という．実多項式 $P(z)$ が安定多項式であるための必要十分条件は，次の行列の正定値性である．

$$\begin{pmatrix} a_1 & a_3 & a_5 & \cdots & a_{2k-1} \\ a_0 & a_2 & a_4 & \cdots & a_{2k} \\ \vdots & \vdots & \vdots & & \vdots \\ a_{-k+2} & a_{-k+4} & a_{-k+6} & \cdots & a_n \end{pmatrix},$$

ただし，$a_i=0\ (i<0)$ とする（問 2 を参照）．

## §4.2　線形化方程式と定数解の安定性

$\mathbb{R}^n$ 上の正規形の自励的な常微分方程式

$$\frac{dx}{dt}=f(x) \tag{4.7}$$

が定数解 $x(t)\equiv c$ をもつとき，任意の解 $x(t)$ に対して，もし初期値 $x(0)$ が $c$ に十分近いならば（つまり，ある正数 $r$ が存在して，初期値が $\|x(0)\|<r$ をみたすとき），

$$x(t)\to c \quad (t\to\infty) \tag{4.8}$$

が成り立つならば，この定数解 $x(t)\equiv c$ は**漸近安定**または**リャプノフ安定**である，あるいは，不動点 $c$ は**沈点**(sink)であるという．

以下，$f(x)$ は $C^2$ 級と仮定して，簡単のため，$c=0$ として，漸近安定性に

ついて調べてみよう．

もし漸近安定ならば，初期値 $x(0)$ が十分に 0 に近ければ，(4.8)より，$t \geqq 0$ のとき $x(t)$ も 0 に近いから，方程式(4.7)は，$f(x)$ を $x=0$ で 1 次近似して得られる線形方程式

$$\frac{dx}{dt} = Ax, \quad \text{ただし，} A = f'(0) \tag{4.9}$$

の解によって近似できるはずである．この方程式(4.9)を，(4.7)の $x=0$ における**線形化方程式**(linearized equation)という．

そこで，$c=0$ として，(4.7)を

$$\frac{dx}{dt} = Ax + g(x) \tag{4.10}$$

と書こう．$f(x)$ は $C^2$ 級で $f(0)=0$, $f'(0)=A$ だから，$g(x)$ は $\mathbb{R}^n$ 値連続関数で，ある正定数 $C, M$ に対して，

$$g(0) = 0, \quad \|g(x)\| \leqq C\|x\|^2, \quad \|g(x)\| \leqq M \tag{4.11}$$

が $x=0$ の近くで成り立つ．以下，簡単のため，すべての $x$ に対して(4.11)が成り立つと仮定して話を進める．

方程式(4.9)については前節で調べたように，

$$\text{行列 } A \text{ の固有値の実部がすべて負} \tag{4.12}$$

となることが，漸近安定性の必要十分条件であった．

**定理 4.9**　方程式(4.10)に対して，上の(4.11),(4.12)を仮定する．このとき，ある正数 $r$ が存在して，次のことが成り立つ．

$$\|x(0)\| < r \quad \Longrightarrow \quad \lim_{t\to\infty} x(t) = 0. \tag{4.13}$$

つまり，方程式(4.7)の定数解 $x(t)\equiv 0$ は，$A=f'(0)$ の固有値の実部がすべて負ならば，漸近安定である．

[証明]　(4.10)の解 $x(t)$ は，$g(x(t))$ を非斉次項と見れば，

$$x(t) = (\exp tA)x(0) + \int_0^t (\exp(t-s)A)g(x(s))ds$$

と書ける．$A$ の固有値の最大値を $-\beta$ $(\beta > 0)$, $\|x(0)\| \leqq r$ とすれば，これか

ら，ある定数 $K$ ($K>1$ としてよい)がとれて，

$$\|x(t)\| \leqq Ke^{-\beta t}\|x(0)\|+K\int_0^t e^{-\beta(t-s)}\|g(x(s))\|ds.$$

ここで，$\|g(x)\| \leqq M$ だから，$\|x(t)\| \leqq r+M/\beta$. また，$\|g(x)\| \leqq C\|x\|^2$ だから，

$$\|x(t)\| \leqq Ke^{-\beta t}r+CK\int_0^t e^{-\beta(t-s)}\|x(s)\|^2 ds. \tag{4.14}$$

この積分不等式と比較するために，方程式

$$u(t) = e^{-\beta t}r'+C'\int_0^t e^{-\beta(t-s)}u(s)^2 ds$$

(ただし，$r'=Kr$, $C'=KC$.) つまり，

$$\frac{du}{dt} = -\beta u+C'u^2, \quad u(0) = r' \tag{4.15}$$

を考えよう．(4.15)は，$d(1/u)/dt=\beta/u-C'$ と変形できるから，(4.15)の解 $u(t)$ は次式で与えられる．

$$\frac{1}{u(t)} = \frac{C'}{\beta}+e^{\beta t}\left(\frac{1}{r'}-\frac{C'}{\beta}\right).$$

したがって，

$$0<r' \leqq \beta/C' \quad \Longrightarrow \quad u(t) \leqq r' \quad (t \geqq 0).$$

そこで，$t \geqq 0$ のとき

$$\|x(t)\| < u(t) \tag{4.16}$$

が成り立つことを示そう．$\|x(0)\|=r<r'=u(0)$ で，$\|x(t)\|, u(t)$ は連続だから，もし $\|x(t)\| \geqq u(t)$ となる $t>0$ があると仮定すれば，次のような $t_0>0$ が存在する．

(a)　$0 \leqq t < t_0 \Longrightarrow \|x(t)\| < u(t)$,

(b)　$\|x(t_0)\| = u(t_0)$.

すると，(a)と(4.14)より，

$$\|x(t_0)\| < e^{-\beta t_0}r'+C'\int_0^{t_0} e^{-\beta(t-s)}u(s)^2 ds = u(t_0)$$

となり，(b)に矛盾する．よって，(4.16)が成り立つ．

以上から，$0<r \leqq C/(\beta K^2)$ ならば，$t \geqq 0$ のとき，$\|x(t)\|<Kr$ が成り立つことがわかった．さらに，$r$ を $0<CK^2r<\beta$ となるように選べば，今度は(4.15)の代わりに，

$$\frac{du}{dt} = -\beta u + CK^2 ru = -(\beta - CK^2 r)u \tag{4.17}$$

について，上と同じように比較することができて，

$$\|x(t)\| \leqq re^{-(\beta - CK^2 r)t} \to 0 \quad (t \to \infty)$$

がわかる． ∎

**注意 4.10**　上の証明中に用いた方法は**比較定理**(comparison theorem)と呼ばれるものの一形である．これを微分方程式の形で述べれば，次のようになる．

$f(t,x), g(t,x)$ $(t, x \in \mathbb{R})$ を実数値連続関数とし，$f(t,x)<g(t,x)$ と仮定すると，2つの初期値問題

$$\frac{dx}{dt} = f(t,x), \quad x(t_0) = x_0$$
$$\frac{dy}{dt} = g(t,y), \quad y(t_0) = y_0$$

の解 $x(t), y(t)$ に対して，$x_0 \leqq y_0$ ならば $x(t)<y(t)$ が成り立つ．

上の定理4.9と同様に線形方程式 $dx/dt = Ax$ と比較することによって，$A = f'(0)$ の固有値の実部がすべて正ならば，初期値が $0<\|x(0)\|<r$ のとき，ある時刻 $t_0>0$ があって

$$\|x(t)\| \geqq r \quad (t \geqq t_0)$$

が成り立つように $r>0$ が選べることもわかる．(このような場合，不動点0は**源点**(source)であるという．)

さらに，次のこともいえる．

**定理 4.11**　$A = f'(0)$ の0でない固有値を $\alpha$，対応する固有ベクトルを $v$ とすると，方程式(4.7)の2つの解 $x_\pm(t)$ が存在し，これらと原点をあわせたものは，原点で $v$ に接する滑らかな曲線であり，

$$\alpha \lesseqgtr 0 \text{ に応じて，} \lim_{t \to \pm\infty} x(t) = 0 \quad \text{(複号同順)}$$

が成り立つ． □

**注意 4.12**　一般に，$A=f'(0)$ が非退化のとき，原点のある近傍で適当な変数変換 $y=h(x)$ をすると，(4.7)の解 $x(t)$ は $dy/dt=Ay$ の解 $y(t)$ に写る．ただし，この変換 $h$ は，連続であるが，滑らかとは限らない．

以上の結果を，平面 $\mathbb{R}^2$ 上の場合に適用すれば，§2.5 の最後の部分で与えた計算から，次のことがわかる．

方程式 $dx/dt=f(x)$ の不動点 $x_0$ において，行列 $A=f'(x_0)$ の実ジョルダン標準形(例 2.60)にしたがって，次のように分類できる(図 4.2)．

(i)　$A$ が次のどれか 1 つに相似ならば，$x_0$ は沈点である．この場合，$A$ の固有値の実部は負である．

(a) $\begin{pmatrix} \lambda & 0 \\ 0 & \mu \end{pmatrix}$ $(\lambda,\mu<0)$　　(b) $\begin{pmatrix} \alpha & -\beta \\ \beta & \alpha \end{pmatrix}$ $(\alpha<0,\ \beta\neq 0)$

(c) $\begin{pmatrix} \lambda & 1 \\ 0 & \lambda \end{pmatrix}$ $(\lambda<0)$

(ii)　$A$ が次のどれか 1 つに相似ならば，$x_0$ は源点である．この場合，$A$ の固有値の実部は正である．

(d) $\begin{pmatrix} \lambda & 0 \\ 0 & \mu \end{pmatrix}$ $(\lambda,\mu>0)$　　(e) $\begin{pmatrix} \alpha & -\beta \\ \beta & \alpha \end{pmatrix}$ $(\alpha>0,\ \beta\neq 0)$

(f) $\begin{pmatrix} \lambda & 1 \\ 0 & \lambda \end{pmatrix}$ $(\lambda>0)$

(iii)　$A$ が次のものに相似ならば，$x_0$ は鞍点である．この場合，$A$ の固有値は実数で，正と負の 2 つがある．

(g) $\begin{pmatrix} \lambda & 0 \\ 0 & \mu \end{pmatrix}$ $(\lambda>0>\mu)$

(iv)　これ以外の場合，つまり，$A$ が次のどれか 1 つに相似で，固有値の実部が 0 の場合は，1 次近似の情報だけでは不動点がどのような性質をもつか判定できず，より高次の近似を調べる必要がある．

(h) $\begin{pmatrix} 0 & -\beta \\ \beta & 0 \end{pmatrix}$ $(\beta\in\mathbb{R})$　　(i) $\begin{pmatrix} 0 & 1 \\ 0 & 0 \end{pmatrix}$

なお，(b)，(e)の場合，不動点 $x_0$ は**渦状点**(focus)ということがある．

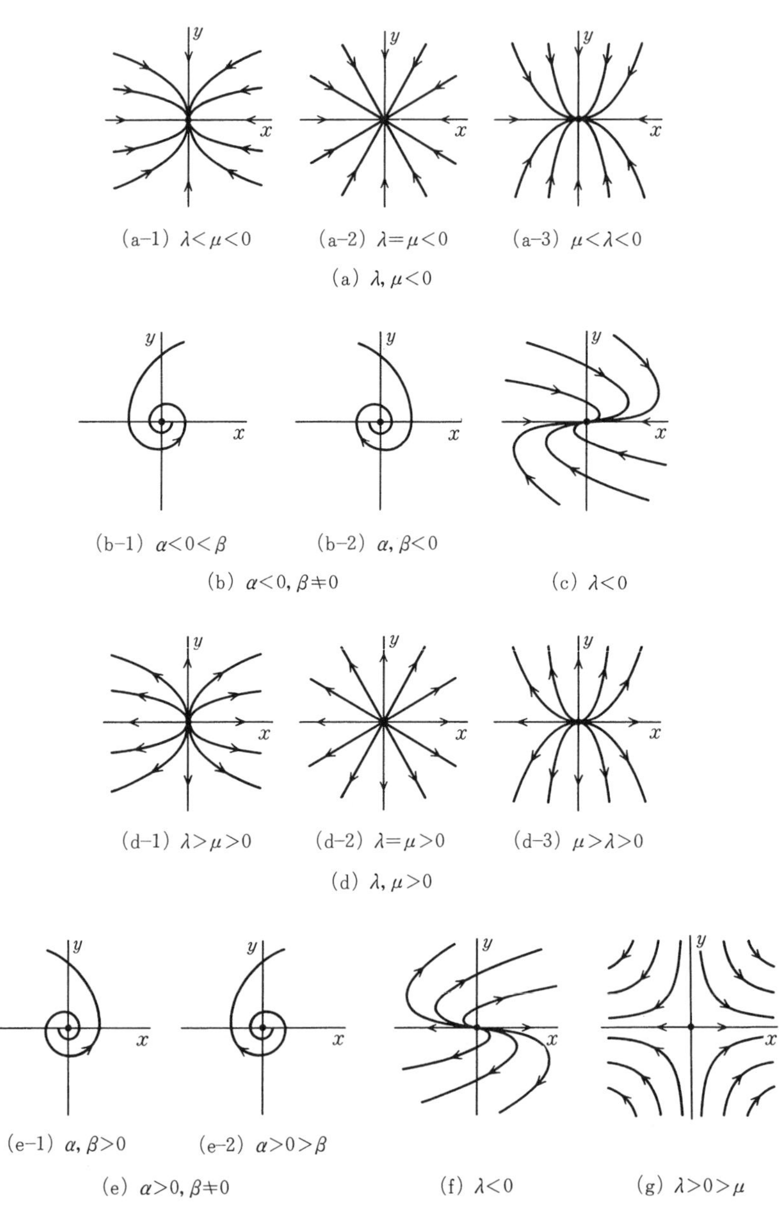


**図 4.2**　平面上の線形な流れ

**問3**　次の平面上の方程式の不動点を調べよ．ただし，$a, \mu$ は実定数とする．

(1)　$\dfrac{dx}{dt} = y, \quad \dfrac{dy}{dt} = -x + a(1-x^2)y.$

(2)　$\dfrac{dx}{dt} = y, \quad \dfrac{dy}{dt} = -2\mu y + x - x^3.$

**注意 4.13**　上の(i),(ii),(iii)の場合には，適当な座標変換 $(x,y) \to (\xi,\eta)$ を施せば，ベクトル場 $f(x)$ は $x = x_0$ の近くでは，線形なベクトル場 $A^t(\xi,\eta)$ に変換されること，すなわち，方程式が線形方程式 $\dfrac{d}{dt}\begin{pmatrix} \xi \\ \eta \end{pmatrix} = A\begin{pmatrix} \xi \\ \eta \end{pmatrix}$ に変換されることがわかる．

## §4.3　極限周期軌道

流れの大域的な様子は，もちろん不動点に関する局所的な情報のみで決まるわけではない．

**例題 4.14**　次の方程式の定める流れの様子を調べよ．

$$\begin{cases} \dfrac{dx}{dt} = y + x(1-x^2-y^2) \\ \dfrac{dy}{dt} = -x + y(1-x^2-y^2) \end{cases}$$

［解］　極座標を用いて，$x = r\cos\theta$, $y = r\sin\theta$ と変換すると

$$\frac{dr}{dt} = r(1-r^2), \quad \frac{d\theta}{dt} = -1.$$

まず，$\theta(t) = \theta(0) - t$．また，$r$ についての方程式の不動点は $r = 0$ および $r = 1$ で，解は $d(r^{-2})/dt = -2(r^{-2}-1)$ より，$r(t) = (1+Ce^{-2t})^{-1/2}$．$r(0) > 0$ のとき，$r(t) \to 1$ $(t \to \infty)$．よって，

(a)　不動点は原点 $(0,0)$ のみで，これは不安定渦心．

(b)　単位円周 $\Gamma$: $x^2+y^2 = 1$ は周期軌道で，負の向き(時計まわり)に角速度1でまわる．

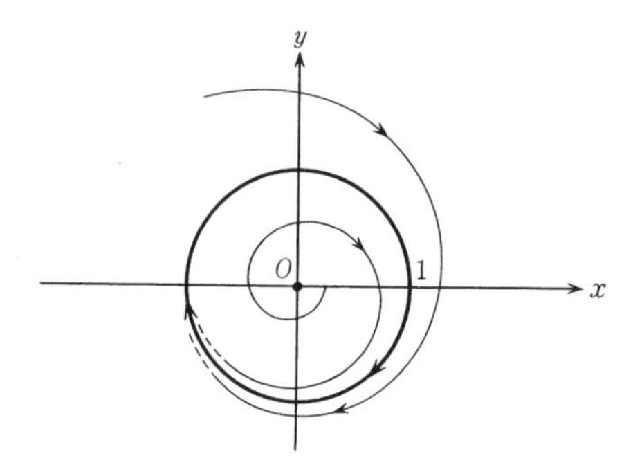


図 **4.3**　極限周期軌道

（c）　他のすべての解 $(x(t), y(t))$ は，$t \to \infty$ のとき(b)の周期軌道に巻きついていく． ∎

**定義 4.15**　一般に，周期軌道 $\Gamma$ について，そのある近傍から出発したすべての解がこの周期軌道 $\Gamma$ に $t \to \infty$ で巻きついていくとき，$\Gamma$ を**極限周期軌道**(limit cycle)という． □

極限周期軌道は，あるパラメータ値を境に出現することがある．

**例題 4.16**　次の方程式の定める流れを調べ，極限周期軌道が現れるパラメータ $\alpha$ の範囲を求めよ．

$$\begin{cases} \dfrac{dx}{dt} = -y + x(\alpha - 2x^2 - y^2) \\ \dfrac{dy}{dt} = 2x + y(\alpha - 2x^2 - y^2) \end{cases}$$

［解］　この方程式の不動点は，$-y + x(\alpha - 2x^2 - y^2) = 0$，$2x + y(\alpha - 2x^2 - y^2) = 0$ より，$(x, y) = (0, 0)$ に限る．この点での線形化行列は，

$$A = \begin{pmatrix} \alpha & -1 \\ 2 & \alpha \end{pmatrix},$$

その特性方程式は，$\lambda^2 - 2\alpha\lambda + (\alpha^2 + 2) = 0$，特性根は，$\lambda = \alpha \pm \sqrt{2}i$．よって，この不動点は，$\alpha < 0$ のとき安定，$\alpha > 0$ のとき不安定となる．

このことは，$z = 2x^2 + y^2$ を調べてみると，さらによくわかる．このとき，

$z(0) \geqq 0$ で,

$$\frac{dz}{dt} = 2z(\alpha - z).$$

したがって, $\alpha \leqq 0$ ならば, $z(t) \to 0$ $(t \to \infty)$. 一方, $\alpha > 0$ ならば, $z(t) \to \alpha$ $(t \to \infty)$.

よって, $\alpha \leqq 0$ のときは不動点 $(0,0)$ は安定で, 極限周期軌道は出現しない.

最後に, $\alpha > 0$ のとき曲線 $\Gamma$: $2x^2 + y^2 = \alpha$ が極限周期軌道であることを示そう. 上の議論から, $z(t) = 2x(t)^2 + y(t)^2 \to \alpha$ だから, 解 $(x(t), y(t))$ は $\Gamma$ に近づく. 極座標でみると,

$$\frac{d\theta}{dt} = \frac{d \arctan(y/x)}{dt} = \frac{2x^2 + y^2}{x^2 + y^2} \geqq 1.$$

したがって, 流れは $\Gamma$ 上で止まることなく, 正の向きに角速度 1 以上で $\Gamma$ 上をまわり続ける. つまり, $\Gamma$ は周期軌道である. ∎

上の例題と同じように, あるパラメータ値を境に極限周期軌道が出現する例として, 例えば, 次のものがある.

$$\frac{d^2u}{dt^2} - a(1-u^2)\frac{du}{dt} + u = 0.$$

これは**ファン・デル・ポル方程式**と呼ばれ, 非線形振動論では代表的な方程式である.

**注意 4.17**　そこを境い目に現象が変わる値を臨界(critical)パラメータ値ということがある. 臨界値での現象は, その前後のどちらかに一致しても, 微妙に異なることが多い.

**問 4**　上の例題 4.16 において, 次のことを示せ.

(1) $a < 0$ ならば, $z(t) = 2x(t)^2 + y(t)^2 = O(e^{-|a|t})$ $(t \to \infty)$.

(2) $a = 0$ ならば, $z(t) = O(1/t)$ $(t \to \infty)$.

(つまり, 臨界値 $a = 0$ でも, $z(t) \to 0$ $(t \to \infty)$ であるが, 非常に遅くなってい

る.)

一般に，次のことが知られている.

**定理 4.18** (ポアンカレ–ベンディクソン(Poincaré-Bendixon)) $D$ を $\mathbb{R}^2$ 内の有界閉集合とし，流れ $\{T_t\}$ は $t \geqq 0$ のとき，$T_t(D) \subset D$ をみたすと仮定する. このとき，$D$ 内に不動点が1つもなければ，周期軌道が少なくとも1つ存在する(図 4.4). □

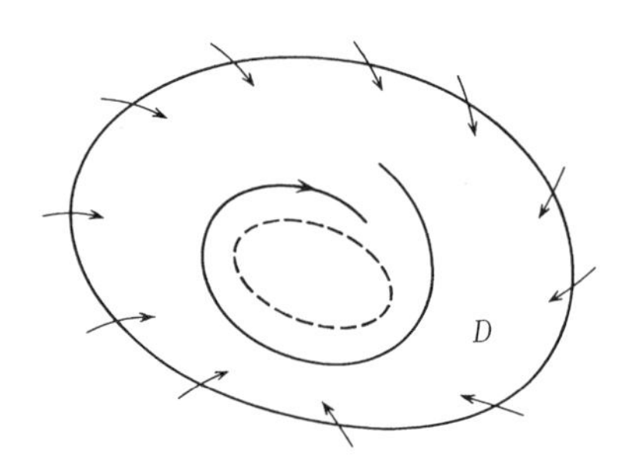


**図 4.4** (1) 流れが $D$ 内に閉じ込められ，(2) $D$ 内に不動点がなければ極限周期軌道がある.

この定理の証明は省略するが，なぜこうなるのかを説明しておこう. その根元的な理由は次の事実にある.

**定理 4.19** (ジョルダンの閉曲線定理) 自己交差点をもたない連続な閉曲線 $\Gamma$ は平面を2つの領域に分ける. □

この定理の一般的な証明はかなり難しい. しかし，長さをもつ閉曲線 $\Gamma$ に限れば，線積分が定義できるから，$\Gamma$ 上の線積分

$$f(z) = \frac{1}{2\pi\sqrt{-1}} \int_\Gamma \frac{d\zeta}{\zeta - z} \quad (z = x + \sqrt{-1}\,y)$$

を考えれば，$\Gamma$ は平面を2つの領域($\Gamma$ の内部と外部)

$$\{(x,y) \mid f(x+\sqrt{-1}\,y) = 1\}, \quad \{(x,y) \mid f(x+\sqrt{-1}\,y) = 0\}$$

に分けることがわかる(本シリーズ『複素関数入門』§3.3(a)参照).

ポアンカレ–ベンディクソンの定理は，次のものに着眼すると，容易に納

得できるものとなる.

**定義 4.20**　連続なベクトル場 $a(x)$ の定める流れ $\{T_t\}$ に対して，曲線 $\Gamma$ は，その各点で $\Gamma$ と軌道 $T_tx$ $(t\in\mathbb{R})$ が横断的に交わるとき，**切断**((cross) section)という．また，$x\in\Gamma$ の軌道 $T_tx$ が $t>0$ で $\Gamma$ 上に戻ってくるならば，その最小の $t$ を**帰還時間**(return time)と呼び，写像 $x\mapsto T_tx$ を**帰還写像**または**ポアンカレ写像**(Poincaré map)という．　□

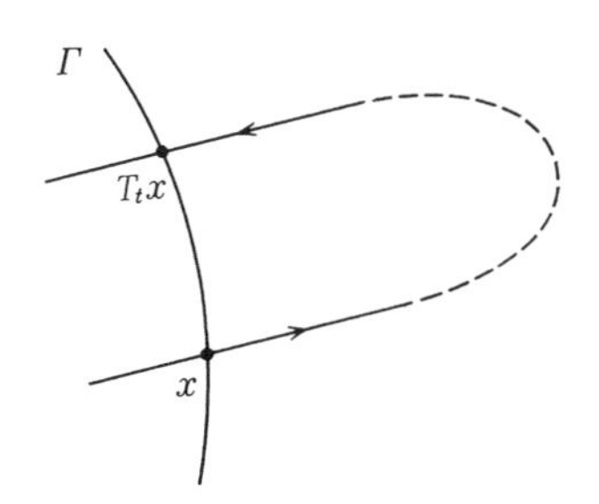


**図 4.5**　切断と帰還写像

さて，$D$ の点 $x$ をとり，半軌道 $T_tx$ $(t\geqq 0)$ を考えよう．もし，$T_tx$ が $t\to\infty$ のとき，ある点 $x_0$ に収束していれば，$D$ は閉集合だから，この点 $x_0$ は $D$ 内の不動点となって，仮定に反する．したがって，$D$ が有界閉集合だから，増大列 $t_1<t_2<\cdots<t_n\to\infty$ がとれて，$x_1=\lim_{n\to\infty}T_{t_{2n+1}}x$，$x_2=\lim_{n\to\infty}T_{t_{2n}}x$ とするとき，$x_1\neq x_2$ となる．

すると，$x_1$ と $x_2$ を分離する切断 $\Gamma$ がとれるはずである．半軌道 $T_tx$ の $\Gamma$ への帰還時間を $0<r_1<r_2<\cdots$ として，$\Gamma$ 上の点 $T_{r_1}x, T_{r_2}x,\cdots$ を考えると，2 つの場合が考えられる．

(a)　ある番号 $k$ 以後，これらの点 $T_{r_n}x$ は $\Gamma$ 上で一方向に順に並ぶ．

(b)　ある番号 $k$ 以後，これらの点 $T_{r_n}x$ で $\Gamma$ 上で交互に内側に，または，交互に外側に並ぶものがある．

もし(a)が成り立てば，$\Gamma$ 上の点 $T_{r_n}x$ は極限をもち，その極限は不動点にならざるを得ない．よって，仮定より，この場合はあり得ない．

(b)が成り立つとき，交互に並ぶことから，点列 $\{T_{r_n}x\}$ から 2 つの収束部分列を選ぶことができる．それらの極限点を $x_3, x_4$ とする．もし $x_3=x_4$ な

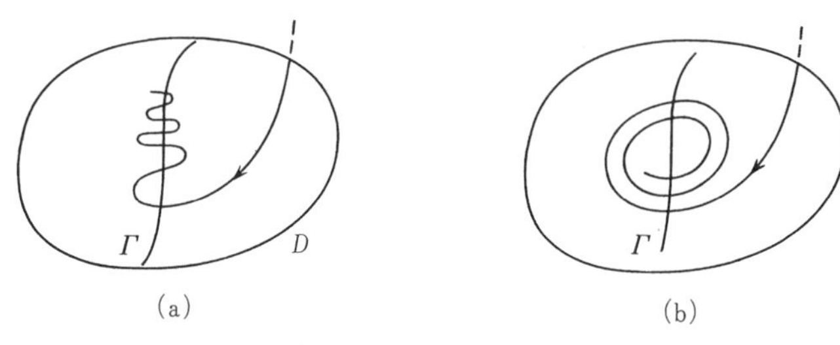


(a)　　　　　(b)

**図 4.6**　証明のアイデア

らば，この点もまた不動点とならざるを得なくなるから，$x_3 \neq x_4$ である．

すると，$\Gamma$ への帰還写像は(定義される限り)連続だから，$x_3$ の像は $x_4$，$x_4$ の像は $x_3$ になる．ゆえに，$x_3, x_4$ を通る軌道は一致して，周期軌道である．

## §4.4　構造安定性と分岐

平面上の線形な流れの図 4.2 を見ればわかるように，流れの様子はパラメータの変化につれて，劇的に変化する値と，あまり変化せずにほとんど同じといえる場合がある．

まず，あまり変化しない場合を考えてみよう．

**例 4.21**　$\mathbb{R}^2$ 上の線形方程式

$$\frac{dx}{dt} = Ax, \quad A = \begin{pmatrix} \alpha & -\beta \\ \beta & \alpha \end{pmatrix} \quad (\alpha, \beta > 0)$$

の定める流れを $\{T_t^{\alpha,\beta}\}$ と書く．極座標で見れば，

$$T_t^{\alpha,\beta}(r, \theta) = (re^{\alpha t}, \theta + \beta t)$$

である．そこで，$\mathbb{R}^2$ の変数変換 $h$ を

$$h(r,\theta) = (r^\alpha, \theta + (\beta - 1)\log r)$$

で定めると，

$$h \circ T_t^{1,1} = T_t^{\alpha,\beta} \circ h$$

が成り立つ．実際，

$$h(T_t^{1,1}(r,\theta)) = h(re^t, \theta + t) = (r^\alpha e^{\alpha t}, \theta + t + (\beta - 1)\log(re^t))$$

$$= (r^\alpha e^{\alpha t},\, \theta+\beta t+(\beta-1)\log r)$$
$$= T_t^{\alpha,\beta}(r^\alpha,\, \theta+(\beta-1)\log r) = T_t^{\alpha,\beta}h(r,\theta).$$

また，$h$ のヤコビ行列を $J_h$ とすると，

$$J_h = \begin{pmatrix} \alpha r^{\alpha-1} & (\beta-1)/r \\ 0 & 1 \end{pmatrix}, \quad \det J_h = \alpha r^{\alpha-1}$$

だから，$h$ は原点を除いて，滑らかで可逆な変数変換であり，直交座標で見れば，$\mathbb{R}^2$ 全体で連続である．また，$h$ は逆変換をもち，

$$h^{-1}(r,\theta) = (r^{1/\alpha},\, \theta-(\beta-1)(\log r)/\alpha)\,.$$

一般に，同相写像(連続な全単射)で互いに写される 2 つの流れ $\{T_t\}, \{S_t\}$ は**共役**(きょうやく，conjugate)という．したがって，$\{T_t^{\alpha,\beta}\}$ は $\alpha, \beta > 0$ のとき，互いに共役である． □

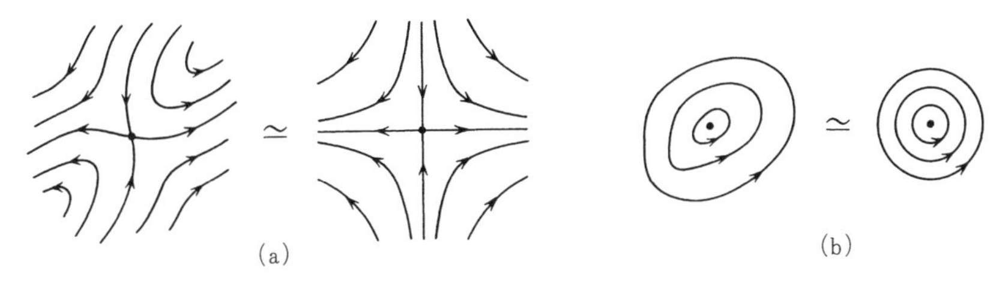


**図 4.7**　共役

**定義 4.22**　流れの族(例えば，$\mathbb{R}^2$ の $C^1$ 級写像からなる流れ全体のつくる族，あるいは，線形の流れ全体) $\mathcal{F}$ を固定するとき，$\mathcal{F}$ に属する流れ $\{T_t\}$ が $\mathcal{F}$ で**構造安定**(structurally stable)であるとは，$\mathcal{F}$ の中での $\{T_t\}$ の近傍 $U$ があって，$U$ に属する任意の流れ $\{S_t\}$ に対して，

$$h \circ S_t = T_t \circ h \tag{4.18}$$

をみたす同相写像 $h$ が存在することをいう．(正しくは，さらに，正の向きの時間変更も許す．) □

上の例 4.21 より，$\mathbb{R}^2$ の線形な流れ全体の中で考えれば，$\{T_t^{\alpha,\beta}\}$ $(\alpha > 0,\ \beta > 0)$ は構造安定である．

**問5**　平面上で次の微分方程式で定まる流れは，線形な流れ全体の中で構造安定であることを示せ．

(1)　$\dfrac{dx}{dt}=\alpha x,\quad \dfrac{dy}{dt}=\beta y\quad (\alpha,\beta>0),$

(2)　$\dfrac{dx}{dt}=\alpha x+y,\quad \dfrac{dy}{dt}=\beta y\quad (\alpha>\beta>0).$

注．(1)では $\alpha\neq 0$, $\beta\neq 0$ のときそれぞれ構造安定，(2)では，$\alpha\neq 0$, $\beta\neq 0$, $\alpha\neq\beta$ のときそれぞれ構造安定である．

パラメータを動かすとき，不動点の個数が増えたり，また，消えてしまうこともある．

**例4.23**　$du/dt=u^2-\alpha u-\beta$ の不動点は，

（a）　$\alpha^2+4\beta>0$ のとき，2点 $u=(\alpha\pm\sqrt{\alpha^2+4\beta})/2$,

（b）　$\alpha^2+4\beta=0$ のとき，ただ1点 $u=\alpha$,

（c）　$\alpha^2+4\beta<0$ のとき，存在しない．

上で(a)の場合，不動点 $u=(\alpha-\sqrt{\alpha^2+4\beta})/2$ は安定であるが，$u=(\alpha+\sqrt{\alpha^2+4\beta})/2$ はそうでない．(左側からは安定で，右側では不安定．)　□

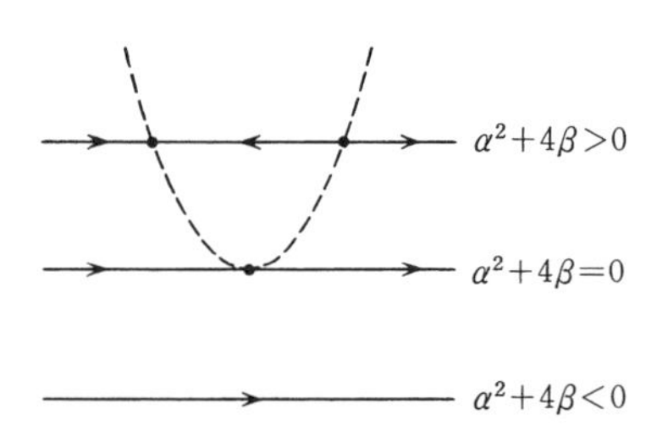


**図4.8**　例4.23の不動点の数

**例4.24**　$dx/dt=y$, $dy/dt=x^3-\alpha x$ の不動点は，

$$\begin{cases}\alpha>0\ \text{のとき，楕円型の}\ (0,0)\ \text{と双曲型の}\ (\pm\sqrt{\alpha},0)\ \text{の計3個,}\\ \alpha=0\ \text{のとき,}\ (0,0)\ \text{のみで1個,}\\ \alpha<0\ \text{のときも,}\ (0,0)\ \text{のみで，双曲型.}\end{cases}$$

□

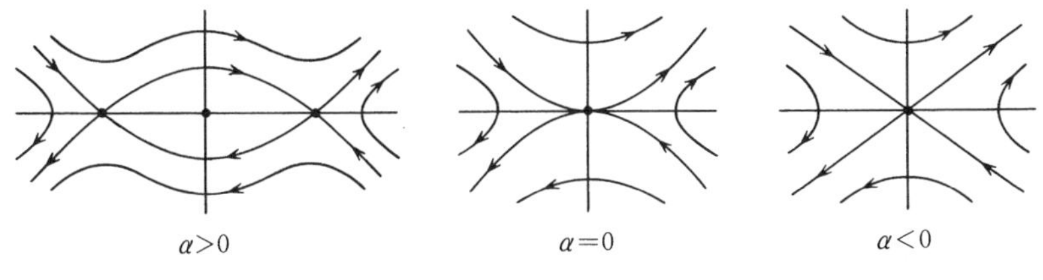


**図 4.9**　例 4.24 の流れ

**問 6**　$H=y^2/2-x^4/4+\alpha x^2/2$ の等高線を調べて，上の結論を確かめよ．

**問 7**　$dx/dt=y$, $dy/dt=-x+\alpha\sin x$ のとき，$\alpha\leqq 1$ ならば不動点は 1 個であるが，数列 $\alpha_0=1<\alpha_1<\alpha_2<\cdots<\alpha_n\to\infty$ があって，$\alpha_{n-1}<\alpha\leqq\alpha_n$ のとき，$2n+1$ 個の不動点をもつことを示せ．

上の例 4.23，4.24 では不動点の個数や性質の変化であったが，一般に，流れの様子が，あるパラメータ値を境いに劇変するとき，その値で**分岐**(bifurcation)が生じるという．

一般に，パラメータ $\alpha$ をもつ $\mathbb{R}^n$ 上の方程式

$$\frac{dx}{dt}=f(x,\alpha)$$

の不動点は，$f(x,\alpha)=0$ の解である．もし，$f(x,\alpha)$ が $C^1$ 級であり，$\alpha>\alpha_0$ で 2 つの不動点 $x_1(\alpha), x_2(\alpha)$ が存在し，$\alpha\to\alpha_0$ のとき，この 2 つが融合して，$x_1(\alpha_0)=x_2(\alpha_0)=x_0$ となると仮定すると，

$$f(x_1(\alpha),\alpha)-f(x_2(\alpha),\alpha)=F(\alpha)(x_1(\alpha)-x_2(\alpha))$$

となる行列値関数 $F(\alpha)$ が存在して，

$$\lim_{\alpha\to\alpha_0}F(\alpha)=\left(\frac{\partial f_i}{\partial x_j}(x_0,\alpha_0)\right)_{1\leqq i,j\leqq n}.$$

ところで，$f(x_1(\alpha),\alpha)=f(x_2(\alpha),\alpha)=0$, $x_1(\alpha)\neq x_2(\alpha)$ より，$\det F(\alpha)=0$. ゆえに，$x=x_0$, $\alpha=\alpha_0$ において，次の 2 つの等式が成立する．

$$f(x,\alpha)=0,\quad \det\left(\frac{\partial f_i}{\partial x_j}(x,\alpha)\right)_{1\leqq i,j\leqq n}=0. \tag{4.19}$$

この連立方程式を，(不動点に関する)**分岐方程式**という．

分岐には，不動点の分岐の他にも様々な種類がある．例えば，前節の例題4.16では，$\alpha \leqq \alpha_0 = 0$ で存在した安定な不動点 $(0, 0)$ は，$\alpha > \alpha_0$ のとき不安定化し，これと同時に，そのまわりに，極限周期軌道が出現した．この種の分岐は，**ホップ**(Hopf)**分岐**と呼ばれている．(微分方程式には実に多様な種類の分岐があり，大著 R. Abraham and J. E. Marsden, *Foundation of Mechanics* の中には，zoo of bifurcations(“分岐動物園”)と呼ばれる一覧図が計10ページもある.)

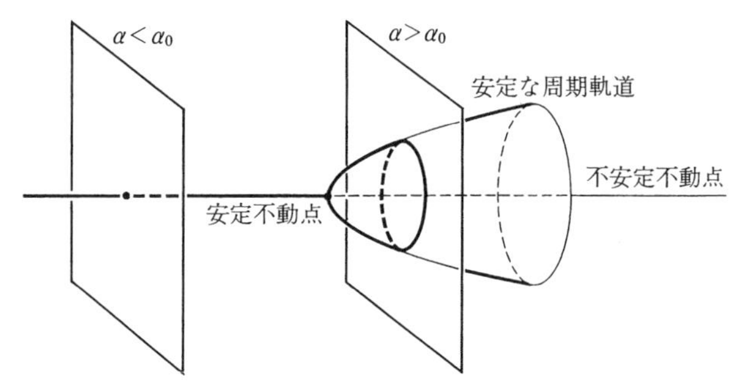


**図4.10**　ホップ分岐．不動点は $\alpha = \alpha_0$ を境に不安定化し，同時に安定な周期軌道が出現する．

《まとめ》

**4.1**　不動点の安定性と線形化方程式，極限周期軌道と現れ方

**4.2**　主な用語

リャプノフ安定(漸近安定)，ポアソン安定，リャプノフ指数，安定多項式，線形化方程式，比較定理，極限周期軌道，ポアンカレ–ベンディクソンの定理，切断，帰還写像(ポアンカレ写像)，ジョルダンの閉曲線定理，共役(な流れ)，構造安定，分岐，分岐方程式，ホップ分岐

## 演習問題

**4.1** 一般に，正方行列 $A$ に対して，極限

$$r(A)=\lim_{n\to\infty}\|A^n\|^{1/n}$$

が存在して，$\inf_{n\geqq 1}\|A^n\|^{1/n}$ と一致することを示せ．ただし，$\|X\|$ は $X$ のノルムで，$\|XY\|\leqq\|X\|\|Y\|$ をみたすものとする．（第3章の $\|A\|$ の定義以外のもの，例えば，$\|A\|=\max_i\sum_j|a_{ij}|$ を用いても $r(A)$ の値は変わらない．）

さらに，次式が成り立つことを示せ．

$$r(A)=\max\{|\alpha|;\ \alpha \text{ は } A \text{ の固有値}\}$$

（$r(A)$ を行列 $A$ の**スペクトル半径**(spectral radius)という．）

**4.2** 次の方程式の不動点とその安定性を調べよ．ただし，$a\in\mathbb{R}$ とする．

$$\frac{dx}{dt}=y-ax, \quad \frac{dy}{dt}=x^3-x\,.$$

**4.3** 次の2つの事実(ベンディクソンの判定条件)を証明せよ．

(1) 単連結な領域 $D$，例えば $D=\{(x,y)\in\mathbb{R}^2\mid x^2+y^2<R^2\}$ $(R>0)$ において，$\operatorname{div}a<0$ ならば極限周期軌道は存在しない．（ヒント．もしあれば，それが囲む面積は？）

(2) 円環領域 $A=\{(x,y)\in\mathbb{R}^2\mid r^2<x^2+y^2<R\}$ $(0<r<R)$ の中に流れ $T_t$ が閉じ込められ(すなわち，$T_{t_0}(x,y)\in A$ ならば，$T_t(x,y)\in A$ $(t\geqq t_0)$)，$A$ 内に $T_t$ の不動点が存在せず，かつ，流れを定めるベクトル場 $a$ の発散に対して $\operatorname{div}a<0$ が成り立てば，$A$ 内にただ1つの極限周期軌道が存在する．（ヒント．2つあれば囲まれる面積は？）

# 5

# 変分問題

20世紀後半に入って，新たな視点から数学の中で重要な位置を占めるようになる変分学の歴史は古く，微分積分学の確立された頃には産声をあげ，18世紀にはオイラー，ラグランジュたちにより，解析力学その他多くの諸問題に適用されるようになる．この章では，古典的な変分問題の紹介から始めて，現代的な視点を踏まえつつ，変分とは何かを明らかにし，例として，非ユークリッド幾何における測地線とこれが定める力学系，測地流を取り上げる．

## §5.1　変分問題

変分問題は，1696年のベルヌーイ(Johann Bernoulli)による次の問題に始まるといわれている．

**例5.1**　斜面上の2点$A, B$を結ぶ曲線に沿って質点が初速0で降下するとき，どんな曲線に沿う場合に降下時間が最短となるか？(図5.1)　□

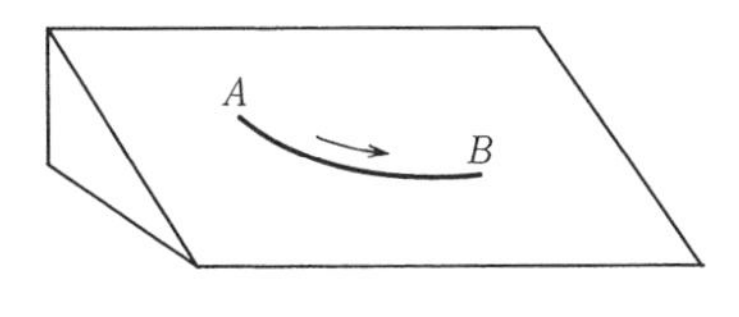


**図5.1**　最速降下問題

この問題は**最速降下問題**(brachistochrone[*1] problem)と呼ばれ，この章のテーマである変分法の確立以前に，屈折率と光線の径路に関するフェルマ(Fermat)の原理を用いることにより，答がサイクロイドであることが知られていた例でもある．現代流に書き換えておくと次のようになる．

2点 $A=(a,a')$，$B=(b,b')$ を結ぶ曲線が滑らかで，$y=y(x)$ で与えられると仮定すると，

$$ds=\sqrt{1+y'^2}\,dx \text{ より，速度は } v=\frac{ds}{dt}=\sqrt{1+y'^2}\,\frac{dx}{dt}.$$

したがって，降下時間は $T=\int_a^b(\sqrt{1+y'^2}/v)dx$．この斜面上での重力定数を $g$ と書くと，$v^2/2+gy=ga'$．よって，最速降下問題は，次のように定式化される．

$$T=\int_a^b\frac{\sqrt{1+y'^2}}{\sqrt{2g(a'-y)}}dx \text{ を最小にする } y=y(x) \text{ を求めよ} \quad (5.1)$$

次のものは，問題としてはより単純である．

**例 5.2**　与えられた曲面上の2点 $A,B$ を結ぶ曲線の中で，最短線(長さが最小のもの)を求めよ(図5.2)．□

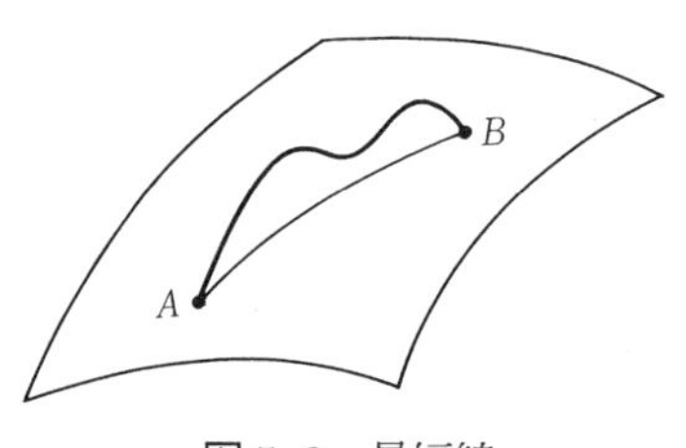


**図 5.2**　最短線

平面の場合ならば，答は当然，線分 $AB$ であり，その証明は次のようになる．

$A=(a,a')$，$B=(b,b')$，求める曲線は区分的に滑らかな連続曲線で $y=y(x)$ と書けていると仮定すると，

---

＊1　ギリシャ語で $\beta\rho\alpha\chi\iota\sigma\tau o\varsigma$ = shortest，$\chi\rho o\nu o\varsigma$ = time.

$$l=\int_a^b\sqrt{1+y'^2}\,dx. \tag{5.2}$$

両端の条件より，$y(a)=a'$，$y(b)=b'$．このとき，

$$l=\int_a^b\left\|\begin{pmatrix}1\\y'\end{pmatrix}\right\|dx \geqq \left\|\int_a^b\begin{pmatrix}1\\y'\end{pmatrix}dx\right\|=\left\|\begin{pmatrix}b-a\\b'-a'\end{pmatrix}\right\|=\overline{AB}.$$

よって，$l$ の最小値は線分の長さ $\overline{AB}$ であり，最小値を与えるのは，上の不等号 $\geqq$ が等号になる場合，つまり，$y'$ が一定の場合だから，$A,B$ を通る線分 $AB$ である．(もし最初においた仮定が気になる読者があれば，次の 2 つのことを思い出せば，容易に解決できることだろう．① 曲線の長さ $l$ の定義，② 曲線の助変数表示の意味．本シリーズ『微分と積分 2』第 5 章参照．)

**例 5.3**　平面上で，周の長さ $L$ が与えられたとき，面積 $A$ を最大にする図形を求めよ(**等周問題**(isoperimetric problem))．　□

上の例 5.3 は，ギリシャ時代以来の問題であり，直観の教える通り，答は

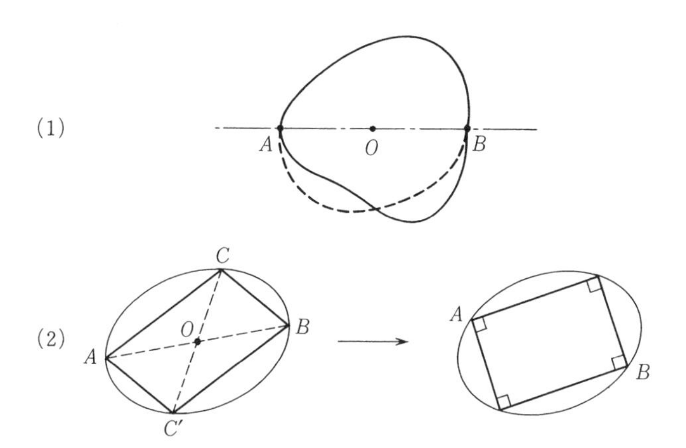


**図 5.3**　等周問題のシュタイナー(Steiner)による初等幾何学的証明のアイデア．面積最大の図形の存在を仮定すると，(1) 周長の半分の弧 $AB$ をとると，$AB$ の中点 $O$ に関して点対称にできる．(2) $C'$ を $C$ と点対称な点とすると，平行 4 辺形 $AC'BC$ を長方形に変形すると面積が増える．

円である．実際，面積最大の図形の存在を仮定すれば，それが円であることを証明することはそう難しくはない．しかし，その存在の問題は，通常の微分積分の範囲では予想できなかった本質的な困難を含んでおり，その最終的な解決は20世紀に入ってからになる．

そこで最大値の定理が成り立たない例(ワイエルシュトラス，1870年)を挙げておこう．

**例題5.4**　$C^1$級関数$\varphi:[0,1]\to\mathbb{R}$で，端点条件

$$\varphi(0)=a,\quad \varphi(1)=b \tag{5.3}$$

をみたすものの中で，

$$J(\varphi)=\int_0^1 (x\varphi'(x))^2dx \tag{5.4}$$

の下限を求めよ．ただし，$a\neq b$とする．

［解］　$J(\varphi)\geqq 0$は明らか．いま，

$$\varphi_\varepsilon(x)=a+\frac{(b-a)\arctan(x/\varepsilon)}{\arctan(1/\varepsilon)}\quad (0\leqq x\leqq 1)$$

とおくと，$\varepsilon>0$のとき，$\varphi(x)$は$C^1$級で，(5.3)をみたす．このとき，

$$x\varphi_\varepsilon'(x)=\frac{b-a}{\arctan(1/\varepsilon)}\frac{\varepsilon x}{x^2+\varepsilon^2}\quad (0\leqq x\leqq 1).$$

そして，

$$\int_0^1\left(\frac{\varepsilon x}{x^2+\varepsilon^2}\right)^2dx=\varepsilon\int_0^{1/\varepsilon}\frac{u^2du}{(1+u^2)^2}\leqq\varepsilon\int_0^\infty\frac{u^2du}{(1+u^2)^2}=\varepsilon\frac{\pi}{4}.$$

よって，

$$0\leqq J(\varphi_\varepsilon)\leqq\frac{\pi\varepsilon}{4}\left(\frac{b-a}{\arctan(1/\varepsilon)}\right)^2\to 0\quad (\varepsilon\to 0).$$

ゆえに，$J(\varphi)$の下限は0である．　∎

**注意5.5**　もし$J(\varphi)=0$をみたす$C^1$級関数$\varphi$があれば，$x\varphi'(x)=0$ $(0\leqq x\leqq 1)$．したがって，$\varphi(x)\equiv C$ ($C$は定数)．すると，$\varphi(0)=a$，$\varphi(1)=b$，$a\neq b$に矛盾する．つまり，$J(\varphi)$は，(5.3)をみたす$\varphi$の中で，下限0をもつが，これは最

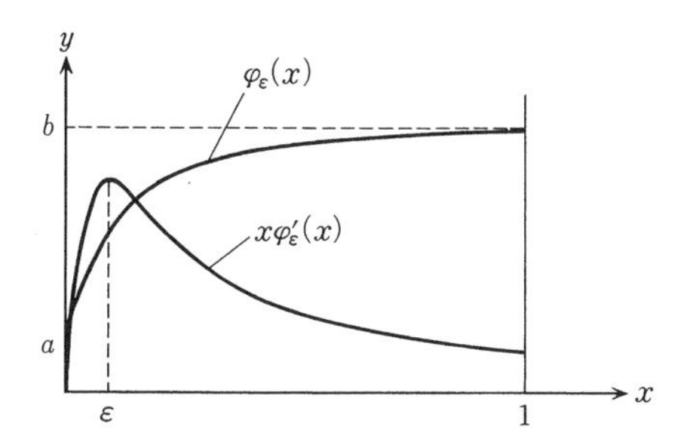


**図 5.4**　$\varphi_\varepsilon(x)$ のグラフ(例題 5.4).　$x=\varepsilon$ のときの $|x\varphi'_\varepsilon(x)|$ の値は非常に大きいが，2 乗の積分の値は小さくなる.（ただし，$\varphi_\varepsilon(x)$ のグラフと $x\varphi'_\varepsilon(x)$ のグラフの縮尺は異なる.）

小値でないのである.（微分積分学の厳密な取り扱いの基礎を与えたことで有名なデデキントはディリクレ問題がつねに最小値をもつことの“証明”を与えた(1856年).　ワイエルシュトラスはその欠陥を発見して，上の反例を与えた.）

「無限」というものは，理解を深めていくと，その深遠な美しさに感動を覚えるものであるが，一方，十分な準備なしにそれに触れると，深い淵の前に立ったような戦慄を，あるいはまた，底なし沼に引きこまれそうな恐怖を覚えるものである．本書は入門書であるので，これまで通り，おおらかに，深淵を覗かなくても済む範囲で，数学の豊かさや有用性を中心に話を進めていく.

話を戻そう．等周問題と関連して等周不等式と称される諸問題がある．不等式

$$L^2 \geqq 4\pi A$$

や，平面領域における $\Delta=\partial^2/\partial x^2+\partial^2/\partial y^2$ に関する固有値問題 $\Delta u+\lambda u=0$ の最小固有値 $\lambda_1$ に対するレイリー(Rayleigh)の予想(1877 年)

$$\lambda_1 \geqq j\pi/A \quad (j \text{ は定数})$$

など，さまざまな問題があり，現代数学の中でも魅力あるテーマとして生き続けている.

以上の例では，曲線を定めるごとに決まる量を考えたが，次のように，曲

面や多変数の関数ごとに決まる量に関する問題もある．

**例 5.6**　$\mathbb{R}^3$ 内の曲面 $S$ で，境界 $\partial S$ が与えられた曲線 $C$ になるものの中で，面積が最小のものを求めよ．(一般に，面積の極値を与える曲面は**極小曲面**(minimal surface)とよばれる．)　□

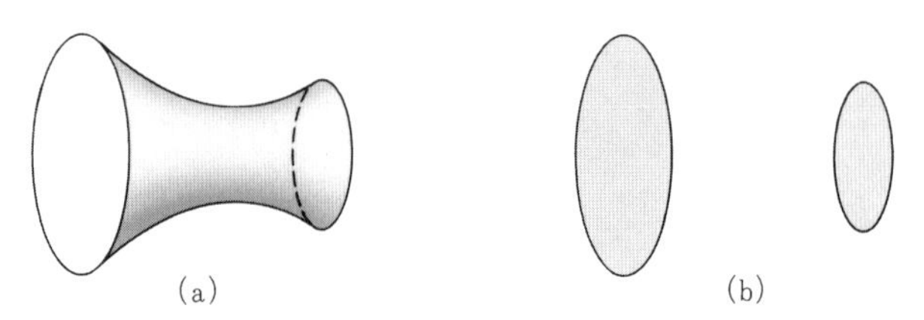


**図 5.5**　極小曲面の例(境界が 2 つの円周の場合)

**例 5.7**　$\mathbb{R}^n$ 内の有界領域 $D$ と，その境界 $\partial D$ 上の連続関数 $f$ が与えられたとき，境界条件

$$u(x) = f(x) \quad (x \in \partial D) \tag{5.5}$$

をみたす $C^1$ 級関数 $u(x) = u(x_1, x_2, \cdots, x_n)$ の中で，

$$I(u) = \int_D |\nabla u(x)|^2 dx \tag{5.6}$$

を最小にする $u$ を(存在すれば)求めよ．ただし，

$$\nabla u = {}^t(\partial u/\partial x_1, \partial u/\partial x_2, \cdots, \partial u/\partial x_u).$$

一般に(5.6)のような，$\nabla u(x)$ に関する正値 2 次形式の積分の最小化問題を**ディリクレ問題**という．　□

**問 1**　例 5.6 で，曲面 $S$ として $y = \varphi(x)$ $(a \leqq x \leqq b)$ を $x$ 軸のまわりに回転して得られる曲面を考え，その境界 $C$ が 2 つの円からなり，条件

$$\varphi(a) = r_1, \quad \varphi(b) = r_2 \tag{5.7}$$

で与えられる場合，極小曲面の問題は，

$$A(\varphi) = \int_a^b 2\pi\varphi(x)\sqrt{1+\varphi'(x)^2}\, dx \tag{5.8}$$

の極値問題となることを確かめよ．

**問2**　例5.7で，$n=2$, $D=\{(x,y)\in\mathbb{R}^2 \mid x^2+y^2<1\}$ で，$f$ が定数関数の場合，関数 $u(x,y)$ は回転不変な関数 $u(x,y)=\varphi(r)$ $(r=(x^2+y^2)^{1/2})$ に限定することができて，次の問題に帰着されることを確かめよ：$C^1$ 級関数 $\varphi$: $[0,1]\to\mathbb{R}$ に対して，

$$J(\varphi)=\int_0^1 r\varphi'(r)^2 dr \tag{5.9}$$

を条件

$$\varphi(1)=f,\quad \varphi'(0)=0 \tag{5.10}$$

のもとで最小にせよ．ただし，$f$ は定数．

**注意5.8**　上の問では，定数関数 $\varphi(x)\equiv f$ は条件(5.10)をみたし，$J(\varphi)=0$ だから，最小値を与える．しかし，(5.10)を次のものに置き換えると，例題5.4のようなことが起こる．

$$\varphi(0)=a,\quad \varphi(1)=b. \tag{5.11}$$

（これは，$D$ として穴開き円板 $\{(x,y)\mid 0<x^2+y^2<1\}$ をとった場合である．）

## §5.2　オイラー–ラグランジュ方程式

前節で述べたような問題の多くは，次のように定式化できる．

$\mathbb{R}^n$ 内の $C^1$ 級曲線 $\gamma$: $y=\varphi(x)$ $(a\leqq x\leqq b)$ に対して，"曲線 $\gamma$ の関数"

$$F(\gamma)=\int_a^b f\left(x,y,\frac{dy}{dx}\right)dx \tag{5.12}$$

の "極値問題" を調べよ．ただし，$f(x,y,v)$ は与えられた滑らかな関数とする．もちろん，曲線 $\gamma$ には両端 $x=a$ および $x=b$ での境界条件，例えば，

$$\varphi(a)=p,\quad \varphi(b)=q \tag{5.13}$$

を課すことが多い．

一般に，上の(5.12)で与えた $F(\gamma)$ のように，$x$ の関数 $y=\varphi(x)$ の関数を**汎関数**(functional)という．以下，$F(\gamma)$ を $F(\varphi)$ とも書く．

汎関数についても "微分" を考えることができる．ここでは，方向微分に相当するものを考えてみよう．

**定義 5.9**　$|\varepsilon|$ が十分小さいとき，汎関数 $F$ の定義域に $\varphi+\varepsilon h$ が属していて，

$$D_hF(\varphi)=\lim_{\varepsilon\to 0}\frac{1}{\varepsilon}(F(\varphi+\varepsilon h)-F(\varphi)) \tag{5.14}$$

が存在するならば，$D_hF(\varphi)$ を $F$ の $\varphi$ における **$h$ 方向の変分**(または**ガトー(Gâteaux)微分**)という．$D_hF(\varphi)$ は $\delta F(\varphi)h$ などと表されることも多い．□

**例題 5.10**　$\varphi(a)=p$, $\varphi(b)=q$ をみたす $C^1$ 級関数 $\varphi$ に対して，

$$Q(\varphi)=\int_a^b(\varphi'(x)^2+\varphi(x)^2)dx$$

により汎関数 $Q$ を定める．このとき，$Q$ の変分を求めよ．

[解]　$h(a)=h(b)=0$ ならば $\varphi+\varepsilon h$ は与えられた境界条件をみたす．このとき，

$$Q(\varphi+\varepsilon h)-Q(\varphi)=2\varepsilon\int_a^b(\varphi'(x)h'(x)+\varphi(x)h(x))dx+\varepsilon^2\int_a^b(h'(x)^2+h(x)^2)dx$$

より，

$$D_hQ(\varphi)=2\int_a^b\left(\frac{d\varphi}{dx}\frac{dh}{dx}+\varphi h\right)dx \tag{5.15}$$

を得る．■

**注意 5.11**　もし $\varphi$ が $C^2$ 級であることがわかっていれば，(5.15)の右辺は，部分積分により，$h(a)=h(b)=0$ を用いて，

$$\begin{aligned}2\int_a^b(\varphi'h'+\varphi h)dx &= 2\varphi'h\Big|_{x=a}^{b}+2\int_a^b(-\varphi''h+\varphi h)dx\\ &= 2\int_a^b(-\varphi''+\varphi)h\,dx\end{aligned}$$

となる．したがって，$\varphi$ が $Q(\varphi)$ の極値を与えるならば，すべての $h$ に対して，

$$D_hQ(\varphi)=-2\int_a^b(\varphi''-\varphi)h\,dx=0\,. \tag{5.16}$$

これより，$\varphi$ は次の方程式をみたすことが予想される．

$$\varphi''-\varphi=0\,. \tag{5.17}$$

すると，

$$\varphi = C_1 e^{x} + C_2 e^{-x}. \tag{5.18}$$

**問3** (5.18)で与えられる $\varphi$ に対して，$D_h Q(\varphi)=0$ を示せ.

厳密なことは後にまわすことにして，(5.12)の形で与えられる汎関数 $F(\varphi)$ の臨界値を与える関数 $y=\varphi(x)$ は，ある微分方程式をみたすことを見ておこう．そのために，$f(x,y,v)$ は $x,y,v$ の $C^1$ 級関数であると仮定すると，

$$F(\varphi+\varepsilon h) = \int_a^b f(x,\ \varphi(x)+\varepsilon h(x),\ \varphi'(x)+\varepsilon h'(x))dx$$

は $\varepsilon$ について微分可能だから，

$$\begin{aligned} D_h F(\varphi) &= \left.\frac{d}{d\varepsilon}\right|_{\varepsilon=0} F(\varphi+\varepsilon h) \\ &= \int_a^b \left\{ \frac{\partial f}{\partial y}(x,\varphi(x),\varphi'(x))h(x) + \frac{\partial f}{\partial v}(x,\varphi(x),\varphi'(x))h'(x) \right\} dx. \end{aligned} \tag{5.19}$$

$\varphi$ は臨界値だから，$h(a)=h(b)=h'(a)=h'(b)=0$ をみたす任意の $h$ に対して，

$$D_h F(\varphi) = 0. \tag{5.20}$$

(5.19)の右辺で，部分積分可能なことがわかるとすれば，

$$\begin{aligned} \int_a^b \frac{\partial f}{\partial v}(x,\varphi,\varphi')h'dx &= \left.\frac{\partial f}{\partial v}(x,\varphi,\varphi')h\right|_{x=a}^{b} - \int_a^b \frac{d}{dx}\left(\frac{\partial f}{\partial v}(x,\varphi,\varphi')\right) h\,dx \\ &= -\int_a^b \frac{d}{dx}\left(\frac{\partial f}{\partial v}(x,\varphi,\varphi')\right) h\,dx. \end{aligned}$$

よって，$y=\varphi(x)$ は次の微分方程式をみたす.

$$\frac{d}{dx}\left(\frac{\partial f}{\partial v}\left(x,y,\frac{dy}{dx}\right)\right) = \frac{\partial f}{\partial y}\left(x,y,\frac{dy}{dx}\right). \tag{5.21}$$

この方程式を**オイラー–ラグランジュ**(Euler-Lagrange)**方程式**という.

**例題 5.12**　最速降下問題(§5.1 の(5.1))のオイラー–ラグランジュ方程式を導き，その解を求めよ.

[解]

$$f(x,y,v)=\frac{\sqrt{1+v^2}}{\sqrt{2g(y_1-y)}}\quad (g, y_1 \text{ は定数}).$$

よって，

$$\frac{\partial f}{\partial v}=\frac{v}{\sqrt{1+v^2}\sqrt{2g(y_1-y)}},\quad \frac{\partial f}{\partial y}=\frac{\sqrt{1+v^2}}{2\sqrt{2g}\sqrt{y_1-y}^3}.$$

したがって，オイラー–ラグランジュ方程式は，

$$\frac{d}{dx}\left(\frac{y'}{\sqrt{1+y'^2}\sqrt{2g(y_1-y)}}\right)-\frac{\sqrt{1+y'^2}}{2\sqrt{2g}\sqrt{y_1-y}^3}=0\quad \left(y'=\frac{dy}{dx}\right).$$

これを整理すると，次のようになる.

$$\frac{2y''}{1+y'^2}-\frac{1}{y_1-y}=0.$$

両辺に $y'$ を掛けて積分すると，

$$(1+y'^2)(y_1-y)=C\quad (C \text{ は定数}).$$

つまり，

$$y'=\pm\sqrt{\frac{y-y_2}{y_1-y}}\quad (y_2=y_1-C<y_1)$$

これを解くと(§1.2 例題 1.12 参照)，$u$ をパラメータとして，

$$x=\pm A(\sin u+u)+B,\quad y=A\cos u+C\quad (A,B,C \text{ は定数}).$$

つまり，このオイラー–ラグランジュ方程式の解曲線はサイクロイドである. ∎

**問 4**　サイクロイド $x=u+\sin u$, $y=\cos u$ $(0\leqq u\leqq 2\pi)$ 上を降下する質点が最下点に到達するまでの時間を $T/4$ とすると，$T$ は出発点によらないことを示せ.(この意味で，サイクロイドは**等時曲線**と呼ばれることもある.)

上のように，オイラー–ラグランジュ方程式が具体的に解けてしまう場合

は，この方程式の導出の際に仮定した部分積分可能性にはとりあえず目をつぶり，1つの発見的解法と考えて，答を求めてから事後的に，元の問題に立ち帰って，本当に最小値を与えていることを確かめることもできる．しかし，微分積分について厳密な扱いが必要となったように，変分についても最初は最小点の存在を人々は(例えば，「微分と積分 1,2,3」に現れたガウス，グリーン，ケルヴィン，ディリクレ，リーマンなども)自明なことと考えていたが，やがてそれは破綻をきたす．それを最初に指摘したのが§5.1 例題 5.4 の例を与えたワイエルシュトラスであり，最初に厳密な取り扱いに成功したのは彼の弟子のデュボア・レイモン(du Bois-Reymond)であった．

式(5.19)から式(5.21)への変形の過程を見直してみよう．(5.19)の右辺は，$h(a)=h(b)=0$ より，次のように変形できる．

$$\int_a^b\left\{\frac{\partial f}{\partial y}(x,\varphi(x),\varphi'(x))h(x)+\frac{\partial f}{\partial v}(x,\varphi(x),\varphi'(x))h'(x)\right\}dx$$
$$=\int_a^b\left\{-\int_a^x\frac{\partial f}{\partial y}(t,\varphi(t),\varphi'(t))dt+\frac{\partial f}{\partial v}(x,\varphi(x),\varphi'(x))\right\}h'(x)dx. \tag{5.22}$$

そこで，次のことが肝要となる．

**定理 5.13** (デュボア・レイモンの補題)　$f\colon [a,b]\to\mathbb{R}$ が連続関数で，$h(a)=h(b)=0$ をみたす任意の連続関数 $h$ に対して，

$$\int_a^b f(x)h(x)dx=0 \tag{5.23}$$

が成り立つならば，$f(x)\equiv 0$．

[証明]

1°．$f(x)\equiv 0$ でないと仮定すれば，区間 $[a,b]$ 内に $f(x_0)\neq 0$ となる点 $x_0$ がある．$f(x_0)>0$ の場合を考えよう．($f(x_0)<0$ の場合も同様．) $f$ は連続だから，$x_0$ を含むある開区間(の $[a,b]$ に含まれる部分) $I$ がとれて，

$$I \text{ 上で } f(x)>0. \tag{5.24}$$

2°．$I=(\alpha,\beta)$ とすると，連続関数 $h(x)$ で，

$$I \text{ 上で } h(x)>0,\quad [a,b]\backslash I \text{ 上で } h(x)=0 \tag{5.25}$$

となるものが存在する．実際，例えば，次のようにとればよい．

$$h(x)=\begin{cases}(\beta-x)(x-\alpha) & (\alpha<x<\beta),\\ 0 & (\text{その他}).\end{cases}$$

3°．以上により，

$$\int_a^b f(x)h(x)dx=\int_\alpha^\beta f(x)h(x)dx>0\,.$$

これは仮定(5.23)に反する．ゆえに，$f(x)\equiv 0$． ▮

定理5.13は，条件 $h(a)=h(b)$ を除いても，もちろん成り立つ．

これによって，(5.19)，(5.20)と(5.22)から($h'$ を $h$ とみて)，

$$\int_a^x \frac{\partial f}{\partial y}(t,\varphi(t),\varphi'(t))dt=\frac{\partial f}{\partial v}(x,\varphi(x),\varphi'(x))\,. \tag{5.26}$$

この(5.26)の左辺は，連続関数 $(\partial f/\partial y)(x,\varphi(x),\varphi'(x))$ の原始関数だから，右辺の $(\partial f/\partial v)(x,\varphi(x),\varphi'(x))$ が微分可能なことがわかり，方程式(5.21)が得られる．

以上をまとめると，次のことがわかる．

**定理5.14**　$f(x,y,v)$ $(x\in\mathbb{R},\ y\in\mathbb{R}^n,\ v\in\mathbb{R}^n)$ を $C^1$ 級関数として，$C^1$ 級関数 $\varphi\colon[a,b]\to\mathbb{R}^n$ に対して，

$$F(\varphi)=\int_a^b f(x,\varphi(x),\varphi'(x))dx \tag{5.27}$$

とおく．このとき，任意の $C^1$ 級関数 $h\colon[a,b]\to\mathbb{R}^n$ に対して $h$ 方向の変分 $D_hF(\varphi)$ は存在して，(5.19)が成り立つ．

さらに，$h(a)=h(b)=h'(a)=h'(b)=0$ をみたす任意の $h$ に対して，

$$D_hF(\varphi)=0 \tag{5.28}$$

が成り立てば，$(\partial f/\partial v)(x,\varphi(x),\varphi'(x))$ は微分可能で，$y=\varphi(x)$ はオイラー–ラグランジュ方程式(5.21)をみたす．

逆に，(5.21)をみたす $C^1$ 級関数 $\varphi$ に対して，(5.28)が成り立つ． □

**定義5.15**　上のような $\varphi$ を $F$ の**停留点**(stationary point)あるいは**臨界点**(critical point)という． □

**注意 5.16**

（1） デュボア・レイモンは，より強く，$f$ の連続性を仮定せず，有界変動関数と仮定して考察している．よって，もちろん，$f$ が区分的に連続ならば上の定理が成り立つ．

（2） 上の定理に現れるような任意関数 $h$ はしばしば試験関数(test function)と呼ばれる．上の定理で試験関数は，$C^1$ 級関数に制限しても，一般に $C^n$ 級関数に制限しても，さらに $C^\infty$ 級関数に制限してもよい．

**問 5**

(1) $h(x)=(\beta-x)^2(x-\alpha)^2$ $(\alpha<x<\beta)$; $=0$（その他）とすると，$h$ は(5.25)をみたす $C^1$ 級関数であることを示せ．

(2) $C^2$ 級関数 $h(x)$ で(5.25)をみたすものを作れ．

(3) $h(x)=\exp\{-(\beta-x)^{-1}(x-\alpha)^{-1}\}$ $(\alpha<x<\beta)$; $=0$（その他）とすると，$h$ は(5.25)をみたす $C^\infty$ 級関数であることを示せ．

**注意 5.17** 変分に関しても 2 回の微分を考えることができて，$f(x,y,v)$ が $C^2$ 級ならば，

$$D_{h_1}D_{h_2}F(y)=\int_a^b\left\{\frac{\partial^2 f}{\partial y^2}h_1h_2+\frac{\partial^2 f}{\partial y\partial v}(h_1'h_2+h_1h_2')+\frac{\partial^2 f}{\partial v^2}h_1'h_2'\right\}dx \quad (5.29)$$

が成り立つ．

さらに，デュボア・レイモンは，より強く，次のことまで議論している．

$$\partial^2 f/\partial v^2\neq 0 \text{ ならば臨界点 } \varphi(x) \text{ は微分可能である．} \quad (5.30)$$

最後に，極小な回転面について調べてみよう．

**例題 5.18** $C^1$ 級関数 $\varphi\colon[0,L]\to\mathbb{R}$ に対して，

$$F(\varphi)=\int_0^L\varphi(x)\sqrt{1+\varphi'(x)^2}\,dx \quad (5.31)$$

とおく．条件

$$\varphi(0)=1,\quad \varphi(L)=r>0 \quad (5.32)$$

のもとで $F(\varphi)$ の極値を与える曲線 $\varphi(x)$ は，存在すれば，懸垂線であるこ

とを示せ.

［解］ $f(x,y,v)=y\sqrt{1+v^2}$ とおくと,

$$\frac{\partial f}{\partial y}=\sqrt{1+v^2}, \quad \frac{\partial f}{\partial v}=\frac{yv}{\sqrt{1+v^2}}$$

だから，オイラー–ラグランジュ方程式は，$y'=dy/dx$ として,

$$\frac{d}{dx}(yy'/\sqrt{1+y'^2})=\sqrt{1+y'^2}.$$

これを整理すれば,

$$yy''=y'^2+1 \quad \text{あるいは} \quad y'y''/(y'^2+1)=y'/y.$$

これより，$y'^2=A^2y^2-1$（$A$ は定数で，(5.32)より $A\geqq 1$)．よって,

$$y=\varphi(x)=A^{-1}\cosh(Ax+B) \quad (B\text{ も定数}).$$ ■

**注意 5.19**　上の例題 5.18 では，解 $\varphi(x)=A^{-1}\cosh(Ax+B)$ が条件(5.32)をみたすかどうかを調べていない．実は，$r>0$ を固定するとき，ある長さ $L(r)$ があって,

(a)　$L<L(r)$ のとき，$F(\varphi)$ の最小値は $(1+r^2)/2$ 未満.

(b)　$L>L(r)$ のとき，最小値を与える $\varphi(x)$ は存在しない.

（ここで，$2\pi\cdot(1+r^2)/2$ は両端の 2 つの円の面積の和に等しい.）

## §5.3　測地線

この節では，§5.1 の例 5.2 として述べた問題，すなわち，$\mathbb{R}^3$ 内の与えられた曲面上の 2 点を結ぶ最短線を求める問題について考えてみよう.

天下り的になるが，この問題は次の形の変分問題に帰着される.

$\mathbb{R}^2$ 上の正定値行列値連続関数 $(g_{ij}(x))_{i,j=1,2}$ が与えられたとき，汎関数

$$L(\varphi)=\int_a^b\left(\sum_{i,j=1}^{2}g_{ij}(\varphi(t))\frac{d\varphi^i}{dt}(t)\frac{d\varphi^j}{dt}(t)\right)^{1/2}dt \tag{5.33}$$

を最小にせよ.（より一般に，その臨界点を調べよ.）

（ここでは微分幾何の慣習に従い，$q=(q^1,q^2)$，$v=(v^1,v^2)$ のように，添字

を上につける場合と，$g_{ij}(q)$ のように，下につける場合がある．その区別の意味はいずれ明らかになるが，ともかく和は上下に現れる添字についてとることになる．なお，$ds^2=\sum g_{ij}dq^i dq^j$ をリーマン計量という.)

**例題 5.20** 単位球面 $x^2+y^2+z^2=1$ 上の曲線が球面座標

$$x=\sin\theta\cos\varphi, \quad y=\sin\theta\sin\varphi, \quad z=\cos\theta \tag{5.34}$$

を用いて，$\gamma\colon \theta=\theta(t),\ \varphi=\varphi(t)\ (a\leqq t\leqq b)$ として与えられているとき，その長さ $L(\gamma)$ は次式で表されることを示せ.

$$L(\gamma)=\int_a^b\left\{\left(\frac{d\theta}{dt}\right)^2+\sin^2\theta(t)\left(\frac{d\varphi}{dt}\right)^2\right\}^{1/2}dt. \tag{5.35}$$

[解] $dx=\cos\theta\cos\varphi\, d\theta-\sin\theta\sin\varphi\, d\varphi,\ dy=\cos\theta\sin\varphi\, d\theta+\sin\theta\cos\varphi\, d\varphi,$ $dz=-\sin\theta\, d\theta$ だから，

$$\begin{aligned}ds^2&=dx^2+dy^2+dz^2\\&=\{(\cos\theta\cos\varphi)^2+(\cos\theta\sin\varphi)^2+(-\sin\theta)^2\}d\theta^2\\&\quad+2\{\cos\theta\cos\varphi(-\sin\theta\sin\varphi)+\cos\theta\sin\varphi\cdot\sin\theta\cos\varphi\}d\theta d\varphi\\&\quad+\{(-\sin\theta\sin\varphi)^2+(\sin\theta\cos\varphi)^2\}d\varphi^2\\&=d\theta^2+(\sin\theta)^2d\varphi^2.\end{aligned}$$

よって，(5.35)を得る. ▮

上の(5.35)を用いると，単位球面上の2点 $A,B$ の距離は，球の中心を $O$ として，$\angle AOB$ に等しいことがわかる.

実際，点 $A$ を北極 $(\theta=0)$ に，$A,B$ を通る大円を子午線 $(\varphi=0)$ にとり，$B=(\sin\alpha,0,\cos\alpha)\ (0<\alpha\leqq\pi)$ とすれば，$A$ と $B$ を結ぶ任意の曲線に対して

$$\int_a^b\left\{\left(\frac{d\theta}{dt}\right)^2+\sin^2\theta(t)\left(\frac{d\varphi}{dt}\right)^2\right\}^{1/2}dt\geqq\int_a^b\left|\frac{d\theta}{dt}\right|dt\geqq|\theta(b)-\theta(a)|=\alpha.$$

**問 6** 2葉双曲面 $z^2-x^2-y^2=1$ 上の点を

$$x=\sinh u\cos v, \quad y=\sinh u\sin v, \quad z=\cosh u \tag{5.36}$$

と表示するとき，$ds^2=du^2+\sinh^2 u\,dv^2$ であることを示し，2点 $(a,0,\sqrt{a^2+1})$，$(b,0,\sqrt{b^2+1})$ の距離を求めよ．

一般に，曲面が $C^1$ 級の助変数表示

$$x=x(u,v),\quad y=y(u,v),\quad z=z(u,v) \tag{5.37}$$

で与えられるときには，次のことが成り立つ．

$$ds^2=dx^2+dy^2+dz^2=E\,du^2+2F\,dudv+G\,dv^2 \tag{5.38}$$

ただし，

$$\begin{cases} E=E(u,v)=\|\boldsymbol{t}_u\|^2=\left(\dfrac{\partial x}{\partial u}\right)^2+\left(\dfrac{\partial y}{\partial u}\right)^2+\left(\dfrac{\partial z}{\partial u}\right)^2 \\ F=F(u,v)=\langle \boldsymbol{t}_u,\boldsymbol{t}_v\rangle=\dfrac{\partial x}{\partial u}\dfrac{\partial x}{\partial v}+\dfrac{\partial y}{\partial u}\dfrac{\partial y}{\partial v}+\dfrac{\partial z}{\partial u}\dfrac{\partial z}{\partial v} \\ G=G(u,v)=\|\boldsymbol{t}_v\|^2=\left(\dfrac{\partial x}{\partial v}\right)^2+\left(\dfrac{\partial y}{\partial v}\right)^2+\left(\dfrac{\partial z}{\partial v}\right)^2 \end{cases} \tag{5.39}$$

($\boldsymbol{t}_u=(\partial x/\partial u,\partial y/\partial u,\partial z/\partial u)$，$\boldsymbol{t}_v=(\partial x/\partial v,\partial y/\partial v,\partial z/\partial v)$ はそれぞれ，$u$ 方向，$v$ 方向の接ベクトル．) 上の(5.38)を，この曲面の**第1基本形式**という．これを用いれば，曲線が $u=u(t)$，$v=v(t)$ $(a\leqq t\leqq b)$ で与えられるとき，その長さは

$$L(\gamma)=\int_a^b\left\{E\left(\frac{du}{dt}\right)^2+2F\frac{du}{dt}\frac{dv}{dt}+G\left(\frac{dv}{dt}\right)^2\right\}^{1/2}dt \tag{5.40}$$

で与えられる．

したがって，$g_{11}=E$，$g_{12}=g_{21}=F$，$g_{22}=G$ とおけば，最初に述べた(5.33)の形で曲線の長さが表されることになる．

**問7**　曲面の別の助変数表示 $x=\widetilde{x}(\widetilde{u},\widetilde{v})$，$y=\widetilde{y}(\widetilde{u},\widetilde{v})$，$z=\widetilde{z}(\widetilde{u},\widetilde{v})$ が与えられたとき，この座標での第1基本形式を $ds^2=\widetilde{E}\,d\widetilde{u}^2+2\widetilde{F}\,d\widetilde{u}d\widetilde{v}+\widetilde{G}\,d\widetilde{v}^2$ とすれば，

$$\begin{cases} \widetilde{E} = E\left(\dfrac{\partial u}{\partial \widetilde{u}}\right)^2 + 2F\dfrac{\partial u}{\partial \widetilde{u}}\dfrac{\partial v}{\partial \widetilde{u}} + G\left(\dfrac{\partial v}{\partial \widetilde{u}}\right)^2, \\ \widetilde{F} = E\dfrac{\partial u}{\partial \widetilde{u}}\dfrac{\partial u}{\partial \widetilde{v}} + F\left(\dfrac{\partial u}{\partial \widetilde{u}}\dfrac{\partial v}{\partial \widetilde{v}} + \dfrac{\partial u}{\partial \widetilde{v}}\dfrac{\partial v}{\partial \widetilde{u}}\right) + G\dfrac{\partial v}{\partial \widetilde{u}}\dfrac{\partial v}{\partial \widetilde{v}}, \\ \widetilde{G} = E\left(\dfrac{\partial u}{\partial \widetilde{v}}\right)^2 + 2F\dfrac{\partial u}{\partial \widetilde{v}}\dfrac{\partial v}{\partial \widetilde{v}} + G\left(\dfrac{\partial v}{\partial \widetilde{v}}\right)^2 \end{cases} \tag{5.41}$$

が成り立つことを示せ.

曲線の長さは幾何学的な量であるから，当然期待されるように，その助変数表示に依存しない．一般に次のことがいえる.

**定理 5.21** 連続関数 $f(q,v)$ で $v$ について正の方向に **1 次同次**(positively homogeneous of degree one)，つまり，

$$f(q,\alpha v) = |\alpha| f(q,v) \quad (\alpha \in \mathbb{R},\ q \in \mathbb{R}^n,\ v \in \mathbb{R}^n) \tag{5.42}$$

であれば，積分

$$\int_a^b f(\varphi(t),\varphi'(t))dt \tag{5.43}$$

の値は，$C^1$ 級助変数表示 $q=\varphi(t)$ $(a \leqq t \leqq b)$ で定まる曲線 $\gamma$ の関数であって，$\gamma$ の助変数表示の選び方によらない．(ただし，$\gamma$ の向きに応じて，その符号は変わる.)

[証明] $\gamma$ の別の表示 $q=\psi(s)$ $(c \leqq s \leqq d)$ があり，向きが同じとすれば，$t=\tau(s)$, $a=\tau(c)$, $b=\tau(d)$ と表示でき，

$$\psi'(s) = \frac{d\varphi(\tau(s))}{ds} = \tau'(s)\varphi'(\tau(s)), \quad \tau'(s) \geqq 0.$$

よって，

$$\begin{aligned} \int_c^d f(\psi(s),\psi'(s))ds &= \int_c^d f(\varphi(\tau(s)),\tau'(s)\varphi'(\tau(s)))ds \\ &= \int_c^d f(\varphi(\tau(s)),\varphi'(\tau(s)))\tau'(s)ds = \int_a^b f(\varphi(t),\varphi'(t))dt. \end{aligned}$$

■

一方で，$f(q,v)=\left\{\sum_{i,j=1}^{2} g_{ij}(q)v^i v^j\right\}^{1/2}$ のときは，オイラー–ラグランジュ方程式が，

$$\frac{d}{dt}\left(f\left(x,\frac{dx}{dt}\right)^{-1}\sum_{j=1}^{2} g_{kj}(x)\frac{dx^j}{dt}\right)$$
$$=\frac{1}{2}f\left(x,\frac{dx}{dt}\right)^{-1}\sum_{i,j=1}^{2}\frac{\partial g_{ij}}{\partial q_k}\frac{dx^i}{dt}\frac{dx^j}{dt}\quad (k=1,2) \tag{5.44}$$

となって少々煩わしい．そこで，曲線の弧長表示を用いることにして，

$$\sum_{i,j=1}^{2} g_{ij}(x)\frac{dx^i}{dt}\frac{dx^j}{dt}\equiv 1 \tag{5.45}$$

を仮定すれば，

$$\frac{d}{dt}\left(\sum_{j=1}^{2} g_{kj}(x)\frac{dx^j}{dt}\right)=\frac{1}{2}\sum_{i,j=1}^{2}\frac{\partial g_{ij}}{\partial q_k}(x)\frac{dx^i}{dt}\frac{dx^j}{dt}\quad (k=1,2) \tag{5.46}$$

と見やすくなる．

**注意 5.22**　(5.46)は次の汎関数 $E(\varphi)$ に対するオイラー–ラグランジュ方程式と一致する．

$$E(\varphi)=\int_a^b\left\{\sum_{i,j=1}^{2} g_{ij}(\varphi(t))\frac{d\varphi^i}{dt}\frac{d\varphi^j}{dt}\right\}dt. \tag{5.47}$$

上の $E(\varphi)$ を曲線 $q=\varphi(t)$ $(a\leqq t\leqq b)$ の**エネルギー**(energy)と呼ぶ．エネルギーは，被積分関数が $d\varphi/dt$ に関する2次形式なので扱いが楽である．一方，正の方向に1次同次でないので，座標不変性は失われている．

**定理 5.23**　曲線 $q=\varphi(t)$ $(a\leqq t\leqq b)$ が，始点 $\varphi(a)=p$，終点 $\varphi(b)=q$ の $C^1$ 級曲線に対して定義された汎関数 $L(\varphi)$ もしくは $E(\varphi)$ の臨界点であれば，$\varphi$ は $C^2$ 級で，$q=\varphi(t)$ は次の微分方程式をみたす．

$$\frac{dq^i}{dt^2}+\sum_{j,k=1}^{2}\Gamma^i_{jk}(q)\frac{dq^j}{dt}\frac{dq^k}{dt}=0\quad (i=1,2). \tag{5.48}$$

ただし，$(g^{ij}(q))$ を $(g_{ij}(q))$ の逆行列として，

$$\Gamma^i_{jk}(q)=\frac{1}{2}\sum_{l=1}^{2} g^{il}\left(\frac{\partial g_{jl}}{\partial q_k}+\frac{\partial g_{kl}}{\partial q_j}-\frac{\partial g_{jk}}{\partial q_l}\right). \tag{5.49}$$

上の方程式(5.48)は**測地線の方程式**，$\Gamma^i_{jk}(q)$ は**クリストッフェル**(Christoffel)**の記号**と呼ばれている．

［証明］ デュボア・レイモンの補題より，$\varphi$ が臨界点のとき，

$$\sum_{j=1}^{2} g_{kj}(\varphi(t))\frac{d\varphi^j}{dt} \quad (k=1,2)$$

は微分可能で，(5.46)をみたす．ところで，行列 $(g_{ij}(q))$ は正定値であったから，その逆行列を $(g^{ij}(q))$ と書けば，

$$\frac{d\varphi^i}{dt} = \sum_{k=1}^{2} g^{ik}(\varphi(t))\sum_{j=1}^{2} g_{kj}(\varphi(t))\frac{d\varphi^j}{dt}\,. \tag{5.50}$$

ここで，$g^{ik}(\varphi(t))$ は $t$ について微分可能だから，(5.50)の右辺は $t$ について微分できる．よって，$\varphi^i(t)$ は 2 回微分可能である．

ここで，(5.46)に戻って，微分を実行して結果を整理すれば，(5.48)が得られる． ∎

**例 5.24** 単位球面を球面座標で表した場合，$\theta=q^1$，$\varphi=q^2$ として，次のようになる．

$$\begin{aligned}
&g_{11}=1, \quad g_{12}=g_{21}=0, \quad g_{22}=\sin^2\theta,\\
&g^{11}=1, \quad g^{12}=g^{21}=0, \quad g^{22}=(\sin\theta)^{-2},\\
&\Gamma^1_{11}=\Gamma^1_{12}=\Gamma^1_{21}=0, \quad \Gamma^1_{22}=-\sin 2\theta/2,\\
&\Gamma^2_{11}=0, \quad \Gamma^2_{12}=\Gamma^2_{21}=2\cot\theta, \quad \Gamma^2_{22}=0\,.
\end{aligned}$$

測地線の方程式は，次のようになる．

$$\frac{d^2\theta}{dt^2}=\frac{\sin 2\theta}{2}\left(\frac{d\varphi}{dt}\right)^2, \quad \frac{d^2\varphi}{dt^2}=-2\cot\theta\frac{d\theta}{dt}\frac{d\varphi}{dt}\,. \tag{5.51}$$ □

**例題 5.25** 上半平面 $H=\{(x,y)\in\mathbb{R}^2 \mid y>0\}$ において，

$$ds^2=\frac{dx^2+dy^2}{y^2} \quad (g_{11}=g_{22}=y^{-2},\ g_{12}=g_{21}=0) \tag{5.52}$$

の場合の測地線を求め，それらが直径の両端が $x$ 軸上にある半円または $x$ 軸と直交する半直線であることを示せ．((5.52)を**ポアンカレ計量**(Poincaré metric)という.)

［解］ エネルギーは $\int_a^b (x'^2+y'^2)y^{-2}dt$ だから，そのオイラー–ラグランジュ方程式は，

$$(x'/y^2)' = 0, \quad (y'/y^2)' + (x'^2+y'^2)/y^3 = 0. \tag{5.53}$$

これを整理すれば，次の測地線の方程式を得る.

$$x'' - 2x'y'/y = 0, \quad y'' + (x'^2-y'^2)/y = 0. \tag{5.54}$$

上の(5.53)の第1の式より，

$$x' = \alpha y^2 \quad (\alpha \text{ は定数}). \tag{5.55}$$

また，当然，$x'^2+y'^2=\beta y^2$（$\beta$ は定数）．以下，弧長表示を考えることにして，$\beta=1$ とおき，

$$x' = y\cos\theta, \quad y' = y\sin\theta \tag{5.56a}$$

とすると，

$$\theta' = -\cos\theta. \tag{5.56b}$$

(5.56b)を解くと，$\theta=\pm\pi/2$，または，

$$\tan\frac{\theta}{2} = \tanh\frac{t-t_0}{2} \quad (t_0 \text{ は定数}). \tag{5.57a}$$

$\alpha\neq 0$ のときは，(5.56a)の第1式と(5.55)より，$y=\alpha^{-1}\cos\theta$．すると，$x'=y\cos\theta=\alpha^{-1}\cos^2\theta=-\alpha^{-1}\theta'\cos\theta$ より，$x=a-\alpha^{-1}\sin\theta$（$a$ は定数）．つまり，

$$x = a-\alpha^{-1}\sin\theta, \quad y = \alpha^{-1}\cos\theta. \tag{5.57b}$$

(5.57a)より，$t\to\pm\infty$ のとき $\theta\to\pm\pi/2$ だから，(5.57b)は中心 $(a,0)$ で半径 $|\alpha|^{-1}$ の円の $y>0$ の部分を表す．$\alpha=0$ のときは，(5.55)より，$x'=0$ だから，$x(t)\equiv a$（$a$ は定数），$\theta=\pm\pi/2$．よって，(5.56a)の第2式より，

$$\theta = \pm\pi/2, \quad x = a, \quad y = be^{\pm t} \quad (a\in\mathbb{R},\ b>0). \tag{5.57c}$$

これは $x$ 軸に直交する直線の $y>0$ の部分である. ∎

**注意 5.26**

（1） ポアンカレ計量のもとでの測地線を「直線」と考えると，上の結果か

ら，直線外の1点を通り，この直線と交わらない(つまり平行な)直線が無数に存在することになる．これは，非ユークリッド幾何の1つ，**ロバチェフスキー(Lobachevskiĭ)幾何**のモデルを与え，**上半平面モデル**という．上の結果から計算してみると，このとき，2点 $(x_1, y_1)$ と $(x_2, y_2)$ の距離は，$y_i = e^{t_i}$ として，

$$\begin{aligned}&\cosh^{-1}(\cosh(t_1-t_2)+(x_1-x_2)^2 e^{-t_1-t_2}/2)\\&=\cosh^{-1}((2y_1y_2)^{-1}\{(x_1-x_2)^2+y_1^2+y_2^2\})\end{aligned} \tag{5.58}$$

に等しいことがわかる．

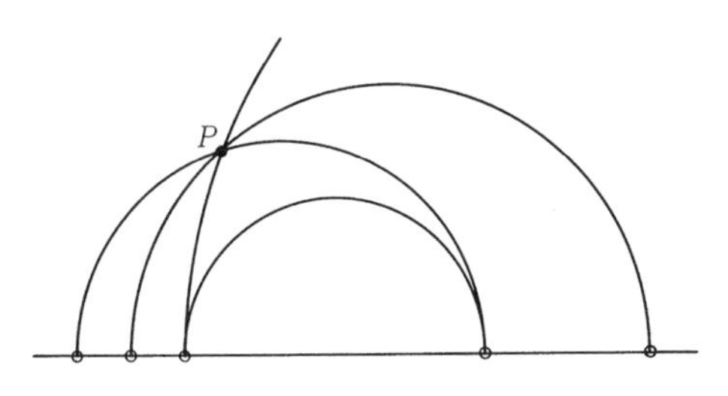


**図5.6** 平行線は無数にある

(2) 上半平面モデルにおける合同変換(上の長さ(5.58)と2つの測地線の作る角を保つ変換)はすべて，複素数表示 $z = x+\sqrt{-1}\,y$ を用いて，1次分数変換

$$g(z) = \frac{az+b}{cz+d} \quad (a, b, c, d \in \mathbb{R},\ ad-bc = 1) \tag{5.59}$$

で表されることが知られている．

**問8** $ds^2 = |dz|^2/(\mathrm{Im}\,z)^2 = |dg(z)|^2/(\mathrm{Im}\,g(z))^2$ を示せ．また，任意の測地線を半直線 $x=0,\ y>0$ に写す1次分数変換 $g$ が存在することを示せ．(これを利用すると，(5.57c)の場合に2点 $(a, e^{t_1}), (a, e^{t_2})$ の距離が $|t_1-t_2|$ であることを示せば，(5.58)を導くことができる．)

**問9** 球面上の測地線の方程式(5.51)の解は次のどれか1つの形になることを示せ．

(a) $\theta = \theta_0+t,\ \varphi = \varphi_0$

(b) $\theta = \pi/2,\ \varphi = \varphi_0+t$

(c) $\cos\theta = \cos\alpha\sin(t-t_0),\ \tan(\varphi-\beta) = \sin\alpha\tan(t-t_0)\ (\alpha, \beta, t_0 \in \mathbb{R})$

また，これらはいずれも球面上の大円，つまり，この球面とその中心を通る平面との共通部分となることを確かめよ．

## §5.4 測地流

前節の例題5.25で調べたように，上半平面 $H=\{(x,y)\in\mathbb{R}^2 \mid y>0\}$ 上のポアンカレ計量 $ds^2=(dx^2+dy^2)/y^2$ のもとでの測地線の方程式は，$H$ の元 $(x,y)$ と単位接ベクトルの方向 $\theta$ の3つ組 $(x,y,\theta)$ の運動を定める．つまり，

$$S(H)=\{(x,y,\theta) \mid x\in\mathbb{R},\ y>0,\ -\pi\leqq\theta\leqq\pi\} \tag{5.60}$$

とすると，測地線の方程式は $S(H)$ 上の流れ(力学系) $T_t$ を定める．もちろん，$(x,y,\theta)=T_t(x_0,y_0,\theta_0)$ ならば $(x,y,\theta)$ は初期値 $(x_0,y_0,\theta_0)$ の測地線の方程式の解の時刻 $t$ での値である．この流れ $T_t$ を**測地流**(geodesic flow)という．($S(H)$ は $H$ 上の球バンドルまたは単位接(ベクトル)バンドルという.)

$H$ 上の測地線は $x$ 軸と直交する半円または半直線であり，すべての点 $P=(x,y,\theta)$ に対して，測地線 $T_tP=T_t(x,y,\theta)$ は $t\to\pm\infty$ のとき，$x$ 軸に近づくか，または，$y\to\infty$ のどちらかであった．以下，

$$\lim_{t\to\pm\infty} T_tP = P_\pm \quad (\text{複号同順}) \tag{5.61}$$

と書こう．ただし，$y\to\infty$ の場合は，$P_\pm=\infty$ とする．

§4.2では不動点について安定集合と不安定集合を考えたが，一般に空間 $M$ 上の流れ $T_t$ $(-\infty<t<\infty)$ が与えられたとき，各点 $P$ に対して，安定集合 $W^s(P)$ と不安定集合 $W^u(P)$ を考えることができ，それぞれ次のように定義される．

$$W^s(P)=\{Q\in M \mid d(T_tQ,T_tP)\to 0\ (t\to\infty)\},$$
$$W^u(P)=\{Q\in M \mid d(T_tQ,T_tP)\to 0\ (t\to-\infty)\}.$$

ただし，$d(P,Q)$ は空間 $M$ 上の距離とする．

上半平面 $H$ 上の測地流の場合，(考えている距離(5.58)を思い出せば)

$$W^s(P)=\{Q\in S(M) \mid Q_+=P_+\}, \tag{5.62a}$$

$$W^u(P) = \{Q \in S(H) \mid Q_- = P_-\} \tag{5.62b}$$

となる．ここでもちろん，$P=(x,y,\theta)$ に対して $P^*=(x,y,-\theta)$ と書けば，$W^s(P^*)=W^u(P)$, $W^u(P^*)=W^s(P)$ である．

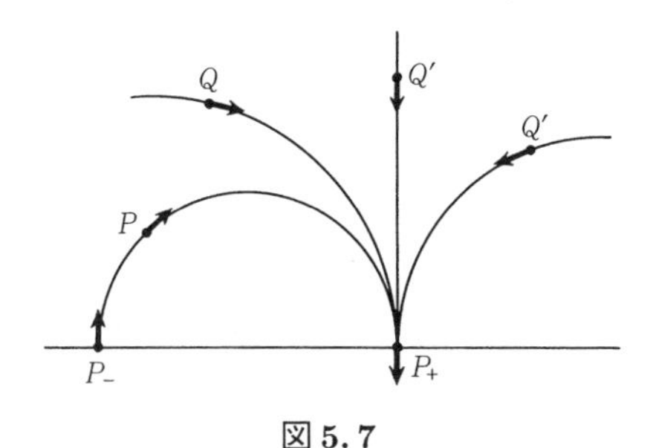


図 5.7

測地流による運動の“波面”を調べてみよう．

**例題 5.27**　点 $P=(x,y,\theta)$ に対して，$P$（正しくは $(x,y)$，以下このように略した形でいう）を通り $P_+$ で $x$ 軸に接する円を $C$，点 $T_tP$ を通り $P_+$ で $x$ 軸に接する円を $C_t$ とする．このとき，$C_0$ 上の任意の点 $(x',y')$ に対してその法線の方向を $\theta'$ として $Q=(x',y',\theta')$ とすると，$T_tQ$ は $C_t$ 上の点であることを示せ．（$C_0$ を点 $P$ の**ホロ円**(horocycle)という．）

［解］　$x=a-\alpha^{-1}\sin\theta$, $y=\alpha^{-1}\cos\theta$ （$a,\alpha$ は定数）だから，

$$r = \alpha^{-1}(1-\sin\theta)/\cos\theta \tag{5.63}$$

とおくと，$x=a-\alpha^{-1}+r\cos\theta$, $y=r(1+\sin\theta)$ となる．ここで $P_+=(a-$

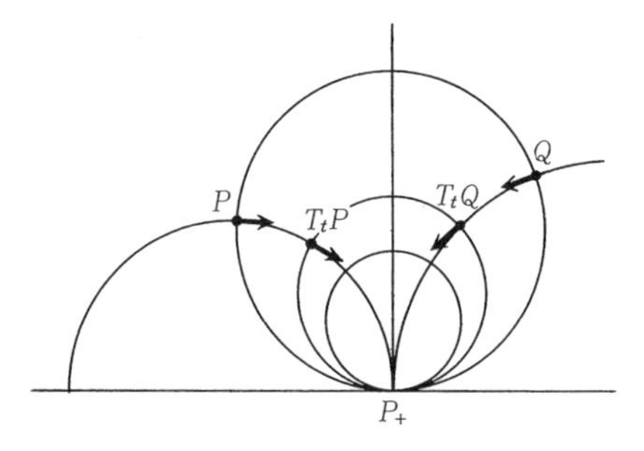


図 5.8　ホロ円

$\alpha^{-1}, 0, -\pi/2)$ だから，$C_0$ は $x = a - \alpha^{-1} + r\cos\varphi$，$y = r(1+\sin\varphi)$ $(-\pi < \varphi \leqq \pi)$ である．

さて，$\tan\theta/2 = \tanh(t-t_0)/2$ （$t_0$ は定数）だったから，$\sin\theta = \tanh(t-t_0)$，$\cos\theta = 1/\cosh(t-t_0)$．したがって，

$$(1-\sin\theta)/\cos\theta = (1-\tanh(t-t_0))\cosh(t-t_0) = \exp-(t-t_0)\,.$$

よって，$C_t$ の半径は，$r_t = re^{-t}$ となり，その縮小率 $r_t/r$ は点 $P$ の選び方によらない．

最後に，$C_0$ 上の任意の点 $(x', y')$ に対してその接線の方向を $\theta'$ として，$Q = (x', y', \theta')$ とすると，$Q_+ = P_+$ であることから，$Q \in C_0$ のとき $T_tQ \in C_t$ が従う． ∎

**問 10**　上の解の最後の段落を確認せよ．また，ホロ円は測地線と直交していることを示せ．（初等幾何によって示せる．）

以上調べたことから，$x$ 軸上の 2 点を定めれば(1 点は $\infty$ でもよい)，1 つの測地線が定まり，$t$ を増加(または減少)させるとき，この運動の波面はホロ円をなす．

実は，このことから，1 つの測地線の摂動の仕方には，$t\to\infty$ で安定なものと不安定なもの，および，中立的なものの 3 方向あることがわかる．

**例題 5.28**　常微分方程式

$$\frac{dx}{dt} = y\cos\theta, \quad \frac{dy}{dt} = y\sin\theta, \quad \frac{d\theta}{dt} = -\cos\theta \tag{5.64}$$

の 1 つの解 $(x_0(t), y_0(t), \theta_0(t))$ のまわりでの線形化方程式を解け．

［解］　$x = x_0 + \varepsilon\xi$，$y = y_0 + \varepsilon\eta$，$\theta = \theta_0 + \varepsilon\varphi$，$\varepsilon \to 0$ として，線形化方程式を求めると，

$$\begin{cases} \dfrac{d\xi}{dt} = \eta\cos\theta_0 - y_0\varphi\sin\theta_0\,, \\ \dfrac{d\eta}{dt} = \eta\sin\theta_0 + y_0\varphi\cos\theta_0\,, \\ \dfrac{d\varphi}{dt} = \varphi\sin\theta_0\,. \end{cases} \tag{5.65}$$

まず，$d\varphi/dt=\varphi\sin\theta_0=\varphi(dy_0/dt)/y_0$ より，$\varphi=Cy_0$. 次に，$d\eta/dt=\eta\sin\theta_0+y_0\varphi\cos\theta_0=\eta(dy_0/dt)/y_0+Cy_0dx_0/dt$ より，$d(\eta/y_0)/dt=Cdx_0/dt$. よって，$\eta=(B+Cx_0)y_0$. すると，$d\xi/dt=\eta\cos\theta_0-y_0\varphi\sin\theta_0=(B+Cx_0)dx_0/dt-Cy_0dy_0/dt$. したがって，$\xi=A+Bx_0+C(x_0^2-y_0^2)/2$.

以上を初期値を考慮して整理すれば

$$\begin{pmatrix} \xi \\ \eta \\ \varphi \end{pmatrix} = \begin{pmatrix} 1 & \dfrac{x_0-x_0(0)}{y_0(0)} & \dfrac{(x_0-x_0(0))^2+y_0(0)^2-y_0^2}{(2y_0(0))^2} \\ 0 & \dfrac{y_0}{y_0(0)} & \dfrac{(x_0-x_0(0))y_0}{y_0(0)} \\ 0 & 0 & \dfrac{y_0}{y_0(0)} \end{pmatrix} \begin{pmatrix} \xi(0) \\ \eta(0) \\ \varphi(0) \end{pmatrix} \tag{5.66}$$

∎

**注意 5.29** 点 $(x,y,\theta)$ における接ベクトル $(\xi,\eta,\varphi)$ の大きさは，$(\xi^2+\eta^2)/y^2+\varphi^2$ と考えるべきであるから，

$$X=\xi/y_0,\quad Y=\eta/y_0$$

とおくと，(5.66)は次のようになる．(煩わしいので添字の 0 は略す.)

$$\begin{pmatrix} X \\ Y \\ \varphi \end{pmatrix} = \begin{pmatrix} \dfrac{y(0)}{y} & \dfrac{x-x(0)}{y} & \dfrac{(x-x(0))^2+y(0)^2-y^2}{2yy(0)} \\ 0 & 1 & \dfrac{x-x(0)}{y(0)} \\ 0 & 0 & \dfrac{y}{y(0)} \end{pmatrix} \begin{pmatrix} X(0) \\ Y(0) \\ \varphi(0) \end{pmatrix} \tag{5.67}$$

ここに現れる行列の固有値は $y(0)/y$, 1, $y/y(0)$ で，$y(t)$ は $e^{-t}$ のオーダーである

から，この摂動は，安定，不安定，中立の成分をそれぞれ1次元ずつもつことがわかる．

《まとめ》

**5.1**　汎関数の視点，変分の定義とオイラー–ラグランジュ方程式，測地線の意味

**5.2**　主な用語

汎関数，変分(ガトー微分)，オイラー–ラグランジュ方程式，デュボア・レイモンの補題，臨界点(停留点)，(曲面の)第1基本形式，正方向に1次同次，長さとエネルギー，測地線の方程式，リーマン計量とクリストッフェルの記号

**5.3**　方程式

最速降下問題，最短線，等周問題，極小回転曲面，等時曲線，ディリクレ問題とワイエルシュトラスの反例，上半平面モデル(ポアンカレ計量)の測地線

## 演習問題

**5.1**　$L>0$ として，$u(0)=u(L)=0$ をみたす $C^1$ 級関数 $u:[0,L]\to\mathbb{R}$ に対して定義された汎関数 $J(u)=\int_0^L\{u'(x)^2-u(x)^2\}dx$ について，臨界値を調べよ．

**5.2**　$f\colon[a,b]\to\mathbb{R}$ が連続関数で，任意の $m$ 回連続微分可能な関数 $\varphi\colon[a,b]\to\mathbb{R}$ に対して，両端 $x=a,b$ で $\varphi$ および $m-1$ 階までのすべてのその導関数の値が0ならば，

$$\int_a^b f(x)\varphi^{(m)}(x)dx=0$$

が成り立つと仮定する．このとき，$f(x)$ は $m-1$ 次以下の多項式であることを示せ．(とくに，$m=1$ のときは $f(x)$ は定数となる．)

**5.3**　単位開円板 $B=\{(u,v)\in\mathbb{R}^2\mid u^2+v^2<1\}$ 上で，計量

$$ds^2=\frac{4(du^2+dv^2)}{(1-u^2-v^2)^2}$$

に関する測地線を求めよ．また，上半平面モデル $H=\{(x,y)\in\mathbb{R}^2 \mid x\in\mathbb{R},\ y>0\}$ を変換 $w=g(z)$，$z=x+\sqrt{-1}y$，$w=u+\sqrt{-1}v$ により写すと，計量もこめて，上のものになることを確かめよ．ただし，$g(z)$ は次の 1 次分数変換とする．

$$g(z)=\frac{z-\sqrt{-1}}{z+\sqrt{-1}}.$$

**5.4** $\mathbb{R}^3$ 上のニュートンの運動方程式

$$\frac{dx}{dt}=v, \quad \frac{dv}{dt}=-|x|^{-3}x \tag{1}$$

について，以下のことを示せ．ただし，$E=|v|^2/2-|x|^{-1}$ はエネルギーで，(1)の初期値ごとにきまる定数である．

(1) 第 1 積分 $A=x\times v$ を $\mathbb{R}^3$ の第 3 座標 $x_3$ 方向に選ぶ．$z^2=2(x_1+ix_2)$，$w=\bar{z}(v_1+iv_2)$ により，複素変数 $z,w$ を導入すると，式(1)は次のようになる．

$$\frac{dz}{dt}=|z|^{-2}w, \quad \frac{dw}{dt}=2E|z|^{-2}z\,. \tag{2}$$

(2) $ds=|z|^{-2}dt$ として，時間変更すると，式(2)は次のようになる．

$$\frac{dz}{ds}=w, \quad \frac{dw}{ds}=2Ez\,. \tag{3}$$

(3) $\mathbb{C}^2$ 上の線形方程式(3)を解き，ニュートン方程式の解曲線を求めよ．

**5.5**（アーベル(Abel)の積分方程式）

(1) 与えられた曲線上を質点が重力の作用のもとで高さ $a$ の点 $D$ から $A$ まで動くときに，これに要する時間を $\varphi(a)$ とする．このとき，次式を示せ(定数は無視する)．

$$\varphi(a)=\int_0^a \frac{ds}{\sqrt{a-x}} \tag{4}$$

ここで，$s$ は高さ $x$ の点 $M$ から $A$ までの弧長である．

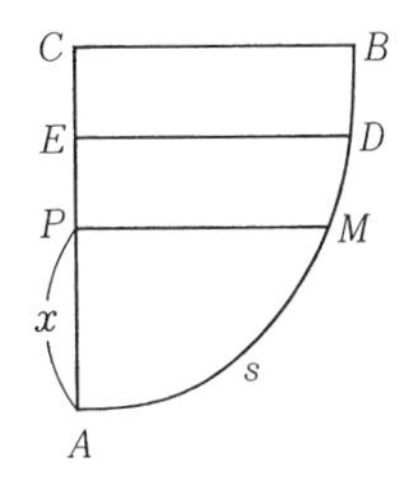

(2) 一般に，$0<n<1$ で，$f$ が $C^1$ 級，$f(0)=0$ ならば，

$$\int_0^x \frac{da}{(x-a)^{1-n}} \int_0^a \frac{f'(z)dz}{(a-z)^n} = \frac{\pi}{\sin n\pi} f(x) \tag{5}$$

が成り立つことを示せ．(積分順序の交換ができることを示し，公式

$$\Gamma(n)\Gamma(1-n) = \pi/\sin n\pi$$

を用いよ．)

(3) これから，$\varphi(a)=\int_0^a (a-x)^{-n}ds$ のとき，

$$s = \frac{\sin n\pi}{\pi} \int_0^x \varphi(a)(x-a)^{1-n}da$$

を示せ．

(4) $n=1/2$ として，式(4)の曲線は $\varphi(a)$ から

$$s = \frac{1}{\pi} \int_0^x \frac{\varphi(a)da}{\sqrt{x-a}} \tag{6}$$

により定まることを示せ．さらに，等時曲線($\varphi(a)\equiv\alpha$)の場合，

$$s = 2\alpha\sqrt{x}/\pi \tag{7}$$

となり，これはサイクロイドを表すことを示せ．(アーベル(1862年)による．ただし，等式(5)の導き方を除く．)

# 6 古典力学

変分学の中で，解析力学は重要な位置を占める．この章では，ハミルトン形式とラグランジュ形式の同等性，および，作用量の意味に的を絞って，解析力学の基礎の一部を紹介する．

## §6.1 ラグランジュ関数と作用量積分

第1章の冒頭では，古典力学における運動は，運動方程式と呼ばれる微分方程式によって記述されることを述べた．保存系の場合，運動方程式はハミルトン方程式

$$\frac{dq_i}{dt}=\frac{\partial H}{\partial p_i},\quad \frac{dp_i}{dt}=-\frac{\partial H}{\partial q_i}\quad (i=1,2,\cdots,n) \tag{6.1}$$

の形で与えられる．ここで，$H=H(q,p)$ はハミルトン関数である．

これに対して，ラグランジュは“形式においては同様となるがまったく異なる思想”のもとに運動方程式の解曲線を与える方法を提示した．これが古典的変分学の始まりで，(ラグランジュ関数と呼ばれる関数) $L=L(q,v)$ を与えて，(道 $q(t)$ $(t_1\leqq t\leqq t_2)$ に沿う作用量と呼ばれる) 汎関数

$$J(q)=\int_{t_0}^{t_1} L\Big(q(t),\frac{dq}{dt}(t)\Big)dt,\quad q(t_0)=x,\ q(t_1)=y \tag{6.2}$$

の最小値(一般には臨界値)を与える曲線 $q(t)$ が，時刻 $t_0$ で点 $x$ から出発し，

$t_1$ で点 $y$ に到達する道を特徴づけているという捉え方であった(作用量最小の法則).

我々はすでにオイラー–ラグランジュ方程式を知っているから，(6.2)の臨界点 $q(t)$ が存在すれば，それは，$v^i(t)=dq^i(t)/dt$ として，

$$\frac{dp_i}{dt}=\frac{\partial L}{\partial q^i}(q,v), \quad p_i=\frac{\partial L}{\partial v^i}(q,v) \quad (i=1,2,\cdots,n) \tag{6.3}$$

の解となっていることを知っている．この形のものは単に，ラグランジュ方程式ということが多い.

ここで，$L$ は $C^2$ 級で，

$$\det\left(\frac{\partial^2 L}{\partial v^i \partial v^j}\right)_{1\leqq i,j\leqq n}\neq 0 \tag{6.4}$$

と仮定すれば，(6.3)の第2式より，(局所的には)陰関数定理によって，$v$ を $(q,p)$ の関数として表すことができる．これを用いて，

$$H(q,p)=\sum_{i=1}^{n} p_i v^i - L(q,v) \tag{6.5}$$

とおけば，次のことがわかる.

**定理 6.1**　$L(q,v)$ が $C^2$ 級で，(6.4)をみたすとき，(6.5)で定まる関数 $H(q,p)$ をハミルトン関数とするハミルトン方程式は，ラグランジュ方程式(6.3)と同値である.

[証明]　(6.4)より，$v$ を $(q,p)$ の関数とみて，(6.5)を微分してみると，(6.3)の第2式より，

$$\frac{\partial H}{\partial p_k}=v^k+\sum_{i=1}^{n} p_i\frac{\partial v^i}{\partial p_k}-\sum_{i=1}^{n}\frac{\partial L}{\partial v^i}(q,v)\frac{\partial v^i}{\partial p_k}=v^k,$$
$$\frac{\partial H}{\partial q^k}=\sum_{i=1}^{n} p_i\frac{\partial v^i}{\partial q^k}-\frac{\partial L}{\partial q^k}(q,v)-\sum_{i=1}^{n}\frac{\partial L}{\partial v^i}(q,v)\frac{\partial v^i}{\partial q^k}=-\frac{\partial L}{\partial q^k}(q,v).$$

よって，$dq^k/dt=v^k=\partial H/\partial p_k$，$dp_k/dt=\partial L/\partial q^k=-\partial H/\partial q^k$. すなわち，ハミルトン方程式(6.1)を得る.

逆に，ハミルトン方程式(6.1)の解 $(q(t),p(t))$ が与えられたとき，(6.4)により，(6.3)の第2式から陰関数定理を用いて $v$ を $(q,p)$ の関数として定め，

(6.5)により $L(q,v)$ を定め，上と同様の計算を $p$ を $(q,v)$ の関数とみて実行すると，

$$\frac{\partial L}{\partial v^k} = p_k + \sum_{i=1}^{n} v^i \frac{\partial p_i}{\partial v^k} - \sum_{i=1}^{n} \frac{\partial H}{\partial p_i}(q,p)\frac{\partial p_i}{\partial v^k} = p_k,$$

$$\frac{\partial L}{\partial q^k} = \sum_{i=1}^{n} v^i \frac{\partial p_i}{\partial q^k} - \frac{\partial H}{\partial q^k} - \sum_{i=1}^{n} \frac{\partial H}{\partial p_i}(q,p)\frac{\partial p_i}{\partial q^k} = -\frac{\partial H}{\partial q^k}.$$

よって，$p_k = \partial L/\partial v^k$ で，$dp_k/dt = -\partial H/\partial q^k = \partial L/\partial q^k$．すなわち，ラグランジュ方程式(6.3)が再現される． ∎

上の定理の主張は，物理学ではしばしば，「ハミルトン形式とラグランジュ形式は等価である」と表現される．(蛇足ながら，equivalent は数学では同値，物理学などでは等価と訳す習慣である．) しかし，その思想の違いは明らかであろう．ハミルトン形式では，微分方程式を解くことにより軌道が定まる．一方，ラグランジュ形式では，汎関数の臨界点として軌道が定まる．つまり後者は，無限次元の世界である曲線の作る空間の上で，極大極小問題を考えるという立場である．

**問1** $H(q,p) = \sum_{i=1}^{n} mp_i^2/2 + V(q_1, \cdots, q_n)$ のとき，次式を示せ．ただし $m$ は定数とする．

$$L(q,v) = \sum_{i=1}^{n} (v^i)^2/(2m) - V(q_1, \cdots, q_n). \tag{6.6}$$

**注意 6.2** $L$ が $C^2$ 級のとき，仮定(6.4)のもとでは，作用量 $J$ の臨界点 $q(t)$ $(t_1 \leqq t \leqq t_2)$ は(存在すれば) $t$ について $C^2$ 級である．

実際，$p_i = \partial L/\partial v^i$ は $t$ について微分可能，一方，陰関数定理より，$v$ は $(q,p)$ の $C^1$ 級関数で表されるから，$dq/dt = v$ は $t$ について $C^1$ 級，つまり，$q$ は $C^2$ 級となる．

ところで，作用量 $J$ の臨界点 $q(t)$ が，もし条件 $q(t_1) = x$, $q(t_2) = y$ のもとでただ1つ存在するならば，$q(t)$ に沿う作用量積分は，$(t_1, t_2, x, y)$ の関数となる．この関数を

$$S(t_1, t_2, x, y) = \int_{t_1}^{t_2} L(q(t), \dot{q}(t))dt \tag{6.7}$$

と表そう.

**注意**　例えば，$L(q,v) \geqq 0$ のときは，臨界点の一意性を仮定せずに，

$$S(t_1, t_2, x, y) = \inf_{q(t_1)=x,\ q(t_2)=y} \int_{t_1}^{t_2} L(q, \dot{q})dt \tag{6.7$'$}$$

を考えることもできる.

**例 6.3**（調和振動子）　$L(q,v) = (v^2 - q^2)/2$ $(q, v \in \mathbb{R})$ のとき，ラグランジュ方程式は，$\ddot{q} + q = 0$. よって，$q(t_1) = x$，$q(t_2) = y$ をみたす解は，$t_2 - t_1 \neq n\pi$（$n$ は整数）のとき，

$$q(t) = \frac{y \sin(t - t_1) - x \sin(t - t_2)}{\sin(t_2 - t_1)}.$$

このとき，

$$S(t_1, t_2, x, y) = \frac{(x^2 + y^2)\cos(t_2 - t_1) - 2xy}{2\sin(t_2 - t_1)}. \tag{6.8}$$

（$t_2 - t_1 = n\pi$ のときは，$y = \pm x$ でない限り解はない.）　□

**問 2**　$L(q,v) = (v^2 + q^2)/2$ $(q, v \in \mathbb{R})$ のとき，次式を示せ.

$$S(t_1, t_2, x, y) = \frac{(x^2 + y^2)\cosh(t_2 - t_1) - 2xy}{2\sinh(t_2 - t_1)}. \tag{6.8$'$}$$

**例題 6.4**（磁場のある上半平面モデル）　$\beta \in \mathbb{R}$ として（物理的には $\beta$ は磁場の強さを表す），

$$L(x, y, u, v) = \frac{(u - \beta y)^2 + v^2}{2y^2} \quad (x, y, u, v \in \mathbb{R},\ y > 0) \tag{6.9}$$

の場合にラグランジュ方程式を解き，両端の条件 $x(t_i) = x_i$，$y(t_i) = y_i$ $(i = 1, 2)$ をみたす解 $(x(t), y(t))$ に対して，次式が成り立つことを示せ.

$$S(t_1,t_2,(x_1,y_1),(x_2,y_2)) = \frac{\rho^2-\beta^2}{2}(t_2-t_1)+\beta(\theta(t_2)-\theta(t_1)). \quad (6.10)$$

ただし，$\theta(t)=\arctan(\dot{y}(t)/\dot{x}(t))$，$\rho^2=(\dot{x}(t)^2+\dot{y}(t)^2)/y(t)^2$（$\rho^2$ は定数となる）．

［解］

$$L_u=(u-\beta y)/y^2, \quad L_x=0$$
$$L_v=v/y^2, \quad L_y=-(u^2+v^2)/y^3+\beta u/y^2$$

より，ラグランジュ方程式は，$\dot{x}=dx/dt$ などと略記すると，

$$\frac{d}{dt}\left(\frac{\dot{x}-\beta y}{y^2}\right)=0, \quad \frac{d}{dt}\left(\frac{\dot{y}}{y^2}\right)+\frac{\dot{x}^2+\dot{y}^2}{y^2}-\frac{\beta\dot{x}}{y^2}=0, \quad (6.11)$$

あるいは，

$$\ddot{x}-2\dot{x}\dot{y}/y-\beta\dot{y}=0, \quad \ddot{y}+(\dot{x}^2-\dot{y}^2)/y+\beta\dot{x}=0. \quad (6.11')$$

このとき，$d\{(\dot{x}^2+\dot{y}^2)/y^2\}/dt=0$ より，

$$\dot{x}^2+\dot{y}^2=\rho^2y^2 \quad (\rho>0 \text{ は定数}) \quad (6.12)$$

として，

$$\dot{x}=\rho y\cos\theta, \quad \dot{y}=\rho y\sin\theta \quad (6.13a)$$

とおくと，(6.11′)より，

$$\dot{\theta}=\beta-\rho\cos\theta. \quad (6.13b)$$

また，(6.11)の第1式より，$(\dot{x}-\beta y)/y^2\equiv\alpha$（$\alpha$ は定数），つまり，$\rho\cos\theta-\beta=\alpha y$．よって，$\alpha\neq0$ のとき，

$$y=\alpha^{-1}(\rho\cos\theta-\beta). \quad (6.14a)$$

すると，$\dot{x}=\rho y\cos\theta=\alpha^{-1}\rho(\rho\cos\theta-\beta)\cos\theta=-\alpha^{-1}\rho\dot{\theta}\cos\theta$ となるから，

$$x=a-\alpha^{-1}\rho\sin\theta \quad (a \text{ は定数}). \quad (6.14b)$$

また，$\alpha=0$ のときは，$\rho\cos\theta\equiv\beta$ となるから，これは，

$$\rho\geqq|\beta| \quad (6.15)$$

の場合に限り，このとき，$\dot{x}=\beta y$，$\dot{y}=\pm\sqrt{\rho^2-\beta^2}\,y$．したがって，$|\beta|<\rho$ のとき，$x_0, y_0$ を定数として，

$$y=y_0\exp\pm\sqrt{\rho^2-\beta^2}\,t, \quad (6.14'a)$$

$$x = x_0 \pm \frac{y_0 \exp \pm\sqrt{\rho^2-\beta^2}\, t}{\sqrt{\rho^2-\beta^2}}, \tag{6.14'b}$$

$$\theta \equiv \pm \arccos(\beta/\rho). \tag{6.14'c}$$

また，$|\beta|=\rho$ のとき，$x_0, y_0$ を定数として，

$$y = y_0, \quad x = \beta y_0 t + x_0, \quad \theta = \pm\pi/2. \tag{6.14''}$$

最後に $\alpha \neq 0$ のとき，(6.13b)を解けば

$$\tan\frac{\theta}{2} = \begin{cases} -\sqrt{(\rho-\beta)/(\rho+\beta)}\tanh(\sqrt{\rho^2-\beta^2}(t-t_0)/2) & (\rho > |\beta|) \\ \pm\sqrt{(\beta-\rho)/(\beta+\rho)}\tan(\sqrt{\beta^2-\rho^2}(t-t_0)/2) & (\rho < |\beta|) \\ -(\rho(t-t_0))^{\pm\beta/\rho} & (\rho = |\beta|) \end{cases}$$

(6.14c)

以上から，$\alpha \neq 0$ のときは，(6.14a)–(6.14c)，$\alpha = 0$ のときは，(6.14'a), (6.14'b)または(6.14'')がラグランジュ方程式の解を与える．

これらの解に沿っては，$\dot{x}^2+\dot{y}^2=\rho^2y^2$, $\dot{x}-\beta y=\alpha y^2$ であったから，

$$\begin{aligned} L &= (\dot{x}^2+\dot{y}^2)/2y^2 - \beta\dot{x}/y + \beta^2/2 \\ &= (\dot{x}^2+\dot{y}^2)/2y^2 - \beta(\dot{x}-\beta y)/y - \beta^2/2 \\ &= (\rho^2-\beta^2)/2 - \alpha\beta y. \end{aligned} \tag{6.16}$$

よって，$\alpha=0$ でも $\alpha\neq 0$ でも，$\dot{\theta}=-\alpha y$ であったから

$$S = \frac{(\rho^2-\beta^2)(t_2-t_1)}{2} + \beta(\theta(t_2)-\theta(t_1))$$

が成り立つ．　∎

## §6.2　ハミルトン-ヤコビの方程式

以下，時刻 $t_1=0$, $t_2=\tau$ で条件

$$q(0) = x_0, \quad q(\tau) = x \tag{6.17}$$

をみたす曲線の中で，

$$\int_0^\tau L(q(t),\dot{q}(t))dt \quad (\dot{q}=dq/dt) \tag{6.18}$$

の臨界点を与えるものはただ1つであり，かつ，滑らかな曲線であると仮定し，$x_0$ は固定してそれを $q(t)=\varphi(t,\tau,x)$ と書く．したがって，

$$\varphi(0,\tau,x)=x_0, \quad \varphi(\tau,\tau,x)=x. \tag{6.19}$$

そして，$q(t)=\varphi(t,\tau,x)$，$\dot{q}(t)=(\partial\varphi/\partial t)(t,\tau,x)$ は

$$\frac{d}{dt}\Big(\frac{\partial L}{\partial v^i}(q,\dot{q})\Big)-\frac{\partial L}{\partial q^i}(q,\dot{q})=0 \quad (i=1,2,\cdots,n) \tag{6.20}$$

をみたす．以下，作用量を

$$S(\tau,x)=\int_0^\tau L(\varphi(t,\tau,x),(\partial\varphi/\partial t)(t,\tau,x))dt \tag{6.21}$$

と書く．また，ラグランジュ関数 $L$ に対応するハミルトン関数を $H(q,p)$ とする．したがって，

$$H(q,p)=\sum_{i=1}^n p_iv^i-L(q,v), \quad p_i=\partial L/\partial v^i. \tag{6.22}$$

また，$q(t)=\varphi(t,\tau,x)$ に対応する $p(t)$ を次のように表す．

$$p(t)=\theta(t,\tau,x)\,. \tag{6.23}$$

このとき，次のことがいえる．

**補題6.5**　$S(\tau,x)$ を $x^i$ で偏微分すると，次式が成り立つ．

$$\begin{aligned}\frac{\partial S}{\partial x^i}(\tau,x)&=\frac{\partial L}{\partial v^i}\Big(x,\ \frac{\partial\varphi}{\partial t}(\tau,\tau,x)\Big)\\&=\theta_i(\tau,\tau,x) \quad (i=1,2,\cdots,n).\end{aligned} \tag{6.24}$$

[証明]

$$\begin{aligned}\frac{\partial S}{\partial x^i}&=\int_0^\tau\frac{\partial}{\partial x^i}L\Big(\varphi,\frac{\partial\varphi}{\partial t}\Big)dt\\&=\int_0^\tau\sum_{k=1}^n\left\{\frac{\partial L}{\partial q^k}\Big(\varphi,\frac{\partial\varphi}{\partial t}\Big)\frac{\partial\varphi^k}{\partial x^i}+\frac{\partial L}{\partial v^k}\Big(\varphi,\frac{\partial\varphi}{\partial t}\Big)\frac{\partial^2\varphi^k}{\partial x^i\partial t}\right\}dt\\&=\int_0^\tau\sum_{k=1}^n\left\{\frac{\partial L}{\partial q^k}\Big(\varphi,\frac{\partial\varphi}{\partial t}\Big)-\frac{\partial}{\partial t}\frac{\partial L}{\partial v^k}\Big(\varphi,\frac{\partial\varphi}{\partial t}\Big)\right\}\frac{\partial\varphi^k}{\partial x^i}dt\end{aligned}$$

$$+\sum_{k=1}^{n}\frac{\partial L}{\partial v^k}\left(\varphi,\frac{\partial\varphi}{\partial t}\right)\frac{\partial\varphi}{\partial x^i}\bigg|_{t=0}^{\tau}$$

$$=0+\sum_{k=1}^{n}\frac{\partial L}{\partial v^k}\left(\varphi(\tau,\tau,x),\frac{\partial\varphi}{\partial t}(\tau,\tau,x)\right)\frac{\partial\varphi}{\partial x^i}(\tau,\tau,x)$$

$$=\frac{\partial L}{\partial v^k}\left(\varphi(\tau,\tau,x),\frac{\partial\varphi}{\partial t}(\tau,\tau,x)\right).$$

∎

次に，$\tau$ に関する $S$ の偏導関数を調べよう．そのために，まず次式に注意しておく．(6.19)の第2式を $\tau$ で微分すると，

$$\frac{\partial\varphi}{\partial t}(\tau,\tau,x)+\frac{\partial\varphi}{\partial\tau}(\tau,\tau,x)=0. \tag{6.25}$$

**補題 6.6**　$S(\tau,x)$ を $\tau$ で偏微分すると，

$$\frac{\partial S}{\partial\tau}(\tau,x)=L\left(x,\frac{\partial\varphi}{\partial t}(\tau,\tau,x)\right)-\sum_{k=1}^{n}\theta_k(\tau,\tau,x)\frac{\partial\varphi^k}{\partial t}(\tau,\tau,x)$$
$$=-H(x,\theta(\tau,\tau,x)). \tag{6.26}$$

［証明］

$$\frac{\partial S}{\partial\tau}=\frac{\partial}{\partial\tau}\int_0^{\tau}L\left(\varphi,\frac{\partial\varphi}{\partial t}\right)dt$$

$$=L\left(\varphi(\tau,\tau,x),\frac{\partial\varphi}{\partial t}(\tau,\tau,x)\right)+\int_0^{\tau}\sum_{k=1}^{n}\left\{\frac{\partial L}{\partial q^k}\frac{\partial\varphi^k}{\partial\tau}+\frac{\partial L}{\partial v^k}\frac{\partial^2\varphi^k}{\partial\tau\partial t}\right\}dt.$$

右辺の第2項を部分積分すると，

$$\int_0^{\tau}\sum_{k=1}^{n}\left\{\frac{\partial L}{\partial q^k}\frac{\partial\varphi^k}{\partial\tau}+\frac{\partial L}{\partial v^k}\frac{\partial^2\varphi^k}{\partial\tau\partial t}\right\}dt$$

$$=\int_0^{\tau}\sum_{k=1}^{n}\left\{\frac{\partial L}{\partial q^k}-\frac{d}{dt}\frac{\partial L}{\partial v^k}\right\}\frac{\partial\varphi^k}{\partial\tau}dt+\sum_{k=1}^{n}\frac{\partial L}{\partial v^k}\frac{\partial\varphi^k}{\partial\tau}\bigg|_{t=0}^{\tau}$$

$$=0+\sum_{k=1}^{n}\frac{\partial L}{\partial v^k}\left(\varphi(\tau,\tau,x),\frac{\partial\varphi}{\partial t}(\tau,\tau,x)\right)\frac{\partial\varphi^k}{\partial\tau}(\tau,\tau,x)$$

$$=-\sum_{k=1}^{n}\theta_k(\tau,\tau,x)\frac{\partial\varphi^k}{\partial t}(\tau,\tau,x).$$

よって，(6.26)の最初の等式を得る．第2の等式は $H$ の定義(6.22)より従

う. ∎

**注意 6.7** 以上の計算はおおらかに行なったが，次の仮定をおけば，すべて正当化できることは明らかであろう.

(a) $L(q,v)$ は $(q,v)$ について $C^2$ 級.

(b) $\det(\partial^2 L/\partial v^i \partial v^j) \neq 0$.

(c) 条件(6.17)のもとでの(6.18)の臨界点はただ1つ存在する.

以上まとめると，

**定理 6.8** $L(q,v)$ が上の(a)～(c)をみたすとき，(6.21)で定まる作用量 $S(\tau,x)$ は

$$\frac{\partial S}{\partial \tau} + H\left(x^1, \cdots, x^n, \frac{\partial S}{\partial x^1}, \cdots, \frac{\partial S}{\partial x^n}\right) = 0 \qquad (6.27)$$

をみたす. 方程式(6.27)を**ハミルトン–ヤコビ方程式**という.

［証明］ 補題 6.5 より，$\partial S/\partial x_i(\tau,x) = \theta_i(\tau,\tau,x)$ だから，

$$H(x_1, x_2, \cdots, x_n, \partial S/\partial x_1, \cdots, \partial S/\partial x_n) = H(x, \theta(\tau,\tau,x)).$$

よって，補題 6.6 より，(6.27)が従う. ∎

**問 3** $L=(v^2-q^2)/2$, $L=(v^2+q^2)/2$ の場合(前節の例 6.3，問 2)に上の定理を確かめよ.

**問 4** $L=\{(u-\beta y)^2+v^2\}/2y^2$ の場合(例題 6.4)に上の定理が成り立つことを確かめよ.

《まとめ》

**6.1** ハミルトン形式とラグランジュ形式の同等性，作用積分の意味

**6.2** 主な用語

作用量，ハミルトン–ヤコビ方程式

**6.3** 方程式

調和振動子，磁場のある上半平面モデル

## 演習問題

**6.1**　$\mathbb{R}^1$ 上のラグランジュ関数 $L(q,v)=(v^2+q^2)/2$ に対して次のことを示せ.

(1) 作用量は, $S(t,x,y)=\{(x^2+y^2)\cosh t-2xy\}/2\sinh t$.

(2) $\varphi(t,x,y)=(-(\partial^2 S/\partial x\partial y)(t,x,y)/2\pi)^{1/2}\exp(-S(t,x,y))$ とおくと, $u=\varphi$ は方程式

$$\frac{\partial u}{\partial t}=\frac{1}{2}\frac{\partial^2 u}{\partial x^2}-\frac{x^2}{2}u\quad (t>0,\ x\in\mathbb{R})$$

をみたす.

# 付 録
# 解の存在と一意性

常微分方程式の初期値問題

$$\begin{cases} \dfrac{dx}{dt} = f(t,x) \\ x(t_0) = x_0 \end{cases} \tag{A.1}$$

の解の存在と一意性は，右辺 $f(t,x)$ としてたちの良いものを考えている限り，まったく問題を生じない．しかし，デリケートな問題を扱う際には，不安になるものである．例えば，19 世紀後半に気体分子運動を論じた L. ボルツマン(L. Boltzmann)は解の存在の問題に深刻に悩んだといわれている．(実際，変数 $x$ の値が無限次元の場合，解が存在しない場合がある．また，存在したとしても一意的でないことがある．p. 174「無限粒子のビリヤード」参照.)

解の存在および一意性に関しては，第 1 章で述べたように次の 2 つの定理が基本的である．

**定理 A. 1**（ペロン(Perron)の存在定理） (A. 1)の右辺 $f(t,x)$ は $(t_0,x_0)$ の近傍

$$D = \{(t,x) \mid t \in \mathbb{R},\ x \in \mathbb{R}^n,\ |t-t_0| \leqq r,\ \|x-x_0\| \leqq R\} \tag{A.2}$$

で定義された $\mathbb{R}^n$ 値連続関数とする．このとき，少なくとも $|t-t_0| \leqq \delta$ で定義された(A. 1)の局所解 $x(t)$ が存在する．ただし，

$$\delta = \min\{r, R/M\}, \quad M = \max_{(t,x)\in D} \|f(t,x)\|. \tag{A.3}$$

□

**定理 A. 2**（コーシーの存在と一意性定理） (A. 1)の右辺 $f(t,x)$ は前定理と同様に $D$ 上で定義された $\mathbb{R}^n$ 値連続関数で，さらに，ある定数 $L$ に対して

不等式

$$\|f(t,x)-f(t,y)\| \leqq L\|x-y\| \quad ((t,x)\in D,\ (t,y)\in D) \qquad \text{(A.4)}$$

が成り立つと仮定する．このとき，(A.1)の局所解 $x(t)$ はただ1つ存在する．詳しくいえば，(A.1)の2つの局所解 $x(t), \widetilde{x}(t)$ があれば，共通の定義域(そこには当然 $t_0$ が含まれる)において，$x(t)=\widetilde{x}(t)$ が成り立つ． □

**注意**　(1) すでに第1章で調べたように，リプシッツ条件(A.4)が成立しないならば，解は一意的とは限らない．

(2) 一般に局所解 $x(t)$ が与えられたとき，その定義域に，例えば $t_1>t_0$ ($t_1<t_0$ としても同様)が含まれていれば，時刻 $t=t_1$ で $x(t_1)$ を初期値とする局所解 $\widetilde{x}(t)$ が存在する．よって，$t_1$ を境として $\widetilde{x}(t)$ をつなぐことにより，局所解 $x(t)$ の定義域を(一般には)広げることができる．このような操作を可能な限り繰り返した後に得られる解を**延長不能解**という．

(A.1)の右辺 $f(t,x)$ が $\mathbb{R}\times\mathbb{R}^n$ の領域 $D'$ で定義されているとすると，延長不能解 $x(t)$ ($t_1<t<t_2$) に対しては，$t\to t_1$ または $t\to t_2$ のとき，次のいずれかが成り立つ．($t_1=-\infty$, $t_2=+\infty$ の場合もあり得る．)

(a)　$(t,x(t))$ は $D'$ の境界 $\partial D'$ に近づく．

(b)　$|t|+\|x(t)\|\to\infty$.

実際，もし延長不能解 $x(t)$ に対して，$s_k\to t_1$(または $t_2$)で $x(s_k)\to y$，$y$ は $D$ の内部の点，となれば，$(t_1,y)$ を初期条件とする局所解が存在するから，さらにつなげることが可能となってしまい，矛盾が生じる．よって，(a)が成り立つか，あるいは($D$ が非有界領域で)(b)が成り立つ．(なお，延長不能解の存在は，ツォルンの補題を用いて証明される．)

まず，定理A.2の証明を与えよう．その方針はすでに第1章で述べたように，帰納的に

$$\begin{cases} x_0(t)\equiv x_0 \\ x_n(t)=x_0+\displaystyle\int_{t_0}^{t} f(s,x_{n-1}(s))ds \quad (n=1,2,\cdots) \end{cases} \qquad \text{(A.5)}$$

とおいて，関数列 $\{x_n(t)\}$ の収束を示す．

まず，$n\geqq 1$ のとき，(A.5)により $x_n(t)$ がうまく定義されている(well-defined)ことを確かめよう．$n=1$ のとき，$|t-t_0|\leqq r$ ならば $(t,x_0(t))=(t,x_0)$

$\in D$ だから，$x_1(t)$ は定義されている．このとき，$\|f(t,x)\| \leqq M$ $((t,x)\in D)$ より，

$$\|x_1(t)-x_0\| = \left\|\int_{t_0}^{t} f(s,x_0(s))ds\right\| \leqq M|t-t_0|.$$

よって，$|t-t_0| \leqq \delta = \min\{r, R/M\}$ ならば，$(t,x_1(t))\in D$．したがって，$x_2(t)$ は $|t-t_0|\leqq\delta$ の範囲で定義される．以下，帰納法によって，次のことがわかる．

$$|t-t_0| \leqq \delta = \min\{r, R/M\} \text{ のとき } x_n(t) \text{ は定義される．} \qquad (\text{A}.6)$$

（つまり，この $\delta$ の値は逐次近似 $x_n(t)$ が定義できるための条件から定まる．）

次に，$\{x_n(t)\}_{n=1}^{\infty}$ がコーシー列であることを示そう．逐次近似の場合，次の形の判定条件が使いやすい．

$\mathbb{R}^n$ の点列 $\{a_n\}_{n=0}^{\infty}$ に対して，$\sum_{n=1}^{\infty}\|a_n-a_{n-1}\|<\infty$ ならば $\{a_n\}$ はコーシー列である．

実際，$m>n$ ならば，

$$\begin{aligned}\|a_m-a_n\| &= \|(a_m-a_{m-1})+\cdots+(a_{n+1}-a_n)\| \\ &\leqq \|a_m-a_{m-1}\|+\cdots+\|a_{n+1}-a_n\| \\ &\leqq \sum_{k=n}^{\infty}\|a_{k+1}-a_k\| \to 0 \quad (n\to\infty).\end{aligned}$$

さて，$x_n, x_{n+1}$ の定義式(A.5)の両辺の差をとると，$t\geqq t_0$ のとき，

$$\begin{aligned}\|x_{n+1}(t)-x_n(t)\| &= \left\|\int_{t_0}^{t}\{f(s,x_n(s))-f(s,x_{n-1}(s))\}ds\right\| \\ &\leqq \int_{t_0}^{t}\|f(s,x_n(s))-f(s,x_{n-1}(s))\|ds \\ &\leqq \int_{t_0}^{t}L\|x_n(s)-x_{n-1}(s)\|ds = L\int_{t_0}^{t}\|x_n(s)-x_{n-1}(s)\|ds.\end{aligned}$$

ここでリプシッツ条件(A.4)を用いた．よって，

$$h_n(t) = \|x_n(t)-x_{n-1}(t)\|$$

とおくと，$h_n(t)$ は連続関数で，次の不等式が成り立つ．

$$0 \leqq h_{n+1}(t) \leqq L\int_{t_0}^{t} h_n(s)ds \quad (t_0 \leqq t \leqq t_0+\delta). \qquad (A.7)$$

とくに，$0 \leqq h_1(t) \leqq 2R$ だから，帰納法により，(A.7)から，

$$h_n(t) \leqq 2RL^{n-1}(t-t_0)^{n-1}/(n-1)! \quad (n \geqq 1) \qquad (A.8)$$

がわかる．実際，次の等式に注意すれば十分である．

$$L\int_{t_0}^{t} L^{n-1}(s-t_0)^{n-1}ds/(n-1)! = L^n(t-t_0)^n/n! \quad (n \geqq 1).$$

$t_0 \geqq t \geqq t_0-\delta$ のときも(積分の符号さえ注意すれば)まったく同様だから，次の評価式が得られる．

$$\|x_n(t)-x_{n-1}(t)\| \leqq L^n\delta^n/n! \quad (n \geqq 1,\ |t-t_0| \leqq \delta). \qquad (A.9)$$

ところで，$\sum_{k=0}^{\infty} L^k\delta^k/k! = \exp(L\delta) < \infty$ だから，以上から，$\{x_k(t)\}_{k=1}^{\infty}$ は，$|t-t_0| \leqq \delta$ のとき，コーシー列をなすことがわかった．その極限を $x_\infty(t)$ としよう．

ふたたび，(A.9)を見直すと，この評価式は $t$ によらないから，次の評価が得られる．

$$\max_{|t-t_0| \leqq \delta} \|x_m(t)-x_\infty(t)\| \leqq \sum_{k=m}^{\infty} L^k\delta^k/k! \to 0 \quad (m \to \infty).$$

つまり，$x_n(t)$ は，$|t-t_0| \leqq \delta$ のとき $x_\infty(t)$ に一様収束する．

ゆえに，定義式(A.5)の右辺で極限と積分の順序交換が可能で，

$$x_\infty(t) = x_0 + \int_{t_0}^{t} f(s, x_\infty(s))ds. \qquad (A.10)$$

また，$x_\infty(t)$ は，連続関数列 $x_k(t)$ の一様極限ゆえ，連続．よって，(A.10)の右辺は $t$ について微分可能だから，左辺の $x_\infty(t)$ も微分可能で，

$$x_\infty(t_0) = x_0,$$

$$\frac{dx_\infty}{dt} = f(t, x_\infty(t)) \quad (|t-t_0| \leqq \delta).$$

つまり，$x_\infty(t)$ は(A.1)の局所解である．

最後に一意性を示そう．別の局所解 $x(t)$ があったとしよう．そして，$x_\infty(t)$ との共通の定義域を $t_1 \leqq t \leqq t_2$ としよう($t_1 < t < t_2$)．すると，この範囲で，

$$\|x(t)-x_\infty(t)\| = \left\|\left(x_0+\int_{t_0}^t f(s,x(s))ds\right)-\left(x_0+\int_{t_0}^t f(s,x_\infty(s))ds\right)\right\|$$
$$= \left\|\int_{t_0}^t \{f(s,x(s))-f(s,x_\infty(s))\}ds\right\|$$
$$\leqq L\left|\int_{t_0}^t \|x(s)-x_\infty(s)\|ds\right|.$$

よって，$h(t)=\|x(t)-x_\infty(t)\|$ とおくと，$h(t)$ は連続関数で

$$h(t) \leqq L\left|\int_{t_0}^t h(s)ds\right| \quad (t_1 \leqq t \leqq t_2) \tag{A.11}$$

が成り立つ．すると，まず，最大値の定理により，$C=\max_{t_1\leqq t\leqq t_2} h(t)<\infty$ であり，次に，前と同様の議論により，

$$h(t) \leqq CL^n\delta^n/n! \quad (n=1,2,\cdots). \tag{A.12}$$

ここで $n\to\infty$ とすれば，$\|x(t)-x_\infty(t)\|=0$，つまり，$x(t)=x_\infty(t)$ が成り立つ．∎

**注意 A.3**　上の方法はピカール(Picard)の**逐次近似法**と呼ばれている典型的な論証方法の1つである．なお，上の証明を見直すと次のことがいえる．

関数から関数への写像

$$\Phi(x)(t) = x_0+\int_{t_0}^t f(s,x(s))ds \tag{A.13}$$

を，関数の集合

$$\mathcal{F} = \{x \mid x \text{ は } |t-t_0|\leqq\delta \text{ で定義された } \mathbb{R}^n \text{ 値連続関数で，} \max_{|t-t_0|\leqq\delta}\|x(t)-x_0\|\leqq R\}$$

の上で考えると，ただ1つの不動点 $x(t)$(つまり，$\Phi(x)(t)\equiv x(t)$) をもつ．

定理 A.1 を示すためには，次の事実が必要である．

**定理 A.4** (アスコリ–アルツェラ(Ascoli-Arzelà)の定理)　有界閉区間 $I$ 上で定義された $\mathbb{R}^n$ 値連続関数の族 $\mathcal{F}$ に対して，次の2条件を仮定する．

(a)　(**一様有界性**(uniform boundedness))

$$\sup_{f\in\mathcal{F}}\|f\|<\infty \quad \text{ただし，} \|f\|=\max_{t\in I}\|f(t)\|.$$

（b）（**等連続性**(equicontinuity)）

$$\sup_{f\in\mathcal{F}}\omega(f,\delta)\to 0\,(\delta\to 0) \quad \text{ただし，} \omega(f,\delta)=\max_{\substack{t,s\in I\\ |t-s|\leqq\delta}}\|f(t)-f(s)\|.$$

このとき，$\mathcal{F}$ に属する関数の任意の列 $\{f_k\}_{k=1}^{\infty}$ から，$I$ 上で一様収束する部分列 $\{f_{k_j}\}_{j=1}^{\infty}$ を選出できる．よって，

$$\lim_{j\to\infty}\|f_{k_j}-f\|=0$$

をみたす $I$ 上の $\mathbb{R}^n$ 値連続関数 $f$ が存在する． □

［定理 A.1 の証明］ コーシーの折線近似と呼ばれる近似 $x^{\varepsilon}(t)$ $(|t-t_0|\leqq\delta)$ を作り，$\mathcal{F}=\{x^{\varepsilon}\mid\varepsilon>0\}$ が上の 2 条件(a),(b)をみたすことを示して解の存在をいう．簡単のため $t_0=0$ とする．

まず，$\varepsilon>0$ として，$F_k(x,\varepsilon)=f(k\varepsilon,x)$ $(x\in D,\ |k|\leqq r/\varepsilon)$ とおき，数列 $\{x_k^{\varepsilon}\}_{|k|\leqq r/\varepsilon}$ を次式で定める．

$$\begin{aligned} x_0^{\varepsilon}=x_0,\quad x_{k+1}^{\varepsilon}&=x_k^{\varepsilon}+F_k(x_k^{\varepsilon},\varepsilon)\quad(k\geqq 0),\\ x_{k-1}^{\varepsilon}&=x_k^{\varepsilon}-F_k(x_k^{\varepsilon},\varepsilon)\quad(k\leqq 0).\end{aligned}\tag{A.14}$$

次に，$\mathbb{R}^n$ 値の折線 $x^{\varepsilon}(t)$ を次のように定める．

$$x^{\varepsilon}(t)=(k+1-\varepsilon^{-1}t)x_k^{\varepsilon}+(\varepsilon^{-1}t-k)x_{k+1}^{\varepsilon}\quad(k\varepsilon\leqq t\leqq(k+1)\varepsilon).\tag{A.15}$$

($\delta=\max\{r,R/M\}$ より，これらは定義できる．)

このとき，次のことがいえる．

$$\lim_{\varepsilon\to 0}\left\|x^{\varepsilon}(t)-x_0-\int_0^t f(s,x^{\varepsilon}(s))ds\right\|=0.\tag{A.16}$$

実際，$f$ は $D$ 上で一様連続だから，

$$\omega(\alpha)=\max_{\substack{(t,x),(s,y)\in D\\ |t-s|+\|x-y\|\leqq\alpha}}|f(t,x)-f(s,y)|\quad(\alpha>0)\tag{A.17}$$

とおくと，$\lim_{\alpha\to 0}\omega(\alpha)=0$．よって，

$$\left\|\varepsilon F_k(x_k^{\varepsilon},\varepsilon)-\int_{k\varepsilon}^{(k+1)\varepsilon}f(s,x^{\varepsilon}(s))ds\right\|$$

$$
\begin{aligned}
&= \left\| \int_{k\varepsilon}^{(k+1)\varepsilon} (f(k\varepsilon, x_k^\varepsilon) - f(s, x^\varepsilon(s))ds \right\| \\
&\leqq \int_{k\varepsilon}^{(k+1)\varepsilon} \omega(\varepsilon + \varepsilon M)ds = \varepsilon\omega(\varepsilon + \varepsilon M). \qquad (\mathrm{A.18})
\end{aligned}
$$

したがって，$k\varepsilon \leqq t < (k+1)\varepsilon$ $(0 \leqq k < r/\varepsilon - 1)$ のとき，

$$
\begin{aligned}
&\left\| x^\varepsilon(t) - x_0 - \int_0^t f(s, x^\varepsilon(s))ds \right\| \\
&\leqq \left\| x_k^\varepsilon - x_0 - \int_0^{k\varepsilon} f(s, x^\varepsilon(s))ds \right\| + \|x^\varepsilon(t) - x_k^\varepsilon\| + \left\| \int_{k\varepsilon}^t f(s, x^\varepsilon(s))ds \right\| \\
&\leqq k\varepsilon\omega(\varepsilon + \varepsilon M) + \varepsilon M + \varepsilon M \leqq r\omega(\varepsilon + \varepsilon M) + 2\varepsilon M \to 0 \quad (\varepsilon \to 0).
\end{aligned}
$$

$k \leqq 0$ のときもまったく同様の評価ができるから(A.17)を得る．

さて，アスコリ–アルツェラの定理の条件(a),(b)を示そう．$x^\varepsilon(t)$ の定義より，$\|x^\varepsilon(t) - x_0\| \leqq R$ だから，条件(a)は明らか．次に，$x^\varepsilon(t)$ の傾きはたかだか $M = \max\|f(t,x)\|$ だから，$\|x^\varepsilon(t) - x^\varepsilon(s)\| \leqq M|t-s|$．ゆえに，条件(b)も成り立つ．

ゆえに，アスコリ–アルツェラの定理より，正数列 $\varepsilon_k \to 0$ が選べて，$x^{\varepsilon_k}(t)$ はある連続関数 $x(t)$ に一様収束する．したがって，(A.16)より，

$$
x(t) - x_0 - \int_0^t f(s, x(s))ds \equiv 0.
$$

つまり，この極限関数 $x(t)$ は(A.1)の解である． ∎

**注意 A.5**　上の証明の中で，$F_k(x,\varepsilon)$ として，$f(k\varepsilon, x)$ を選ばなくても，(A.18)などの評価ができればよい．実際，

$$
\max_{(k\varepsilon, x) \in D} \|F_k(x,\varepsilon) - f(k\varepsilon, x)\| \to 0 \quad (\varepsilon \to 0) \qquad (\mathrm{A.19})
$$

が成り立てば，上の証明がそのまま成り立つ．

これにより，種々の差分法を正当化することができる．上で用いた差分法(A.14)は**オイラーの前進差分法**と呼ばれるものである．

**問1**　次の差分法(4次の**ルンゲ–クッタ**(Runge-Kutta)**法**)の場合に条件(A.19)

を確かめよ.

$$x_{m+1} = x_m + (k_0 + 2k_1 + 2k_2 + k_3)/6. \qquad \text{(A. 20)}$$

ただし，$k_0 = \varepsilon f(m\varepsilon, x_m)$, $k_1 = \varepsilon f(m\varepsilon + \varepsilon/2, x_m + k_0/2)$, $k_2 = \varepsilon f(m\varepsilon + \varepsilon/2, x_m + k_1/2)$, $k_3 = \varepsilon f(m\varepsilon + \varepsilon, x_m + k_2)$.

最後に初期値やパラメータに関する解の依存性について述べよう.

まず，初期値依存性はパラメータ依存性の問題に帰着されることを示しておこう.

初期値問題

$$\begin{cases} \dfrac{dx}{dt} = f(t, x), \\ x(\tau) = \xi \end{cases} \qquad \text{(A. 21)}$$

は，$y(t) = x(\tau + t) - \xi$ とすると，$dy(t)/dt = dx(\tau + t)/dt = f(\tau + t, x(\tau + t)) = f(\tau + t, \xi + y(t))$ だから，$\alpha = (\tau, \xi)$ をパラメータと考えて，

$$g(t, y, \alpha) = f(\tau + t, \xi + y) \qquad \text{(A. 22)}$$

とおくと，次の初期値問題に帰着される.

$$\begin{cases} \dfrac{dy}{dt} = g(t, y, \alpha), \\ y(0) = 0. \end{cases} \qquad \text{(A. 23)}$$

**定理 A. 6**（パラメータに関する連続性）　常微分方程式の初期値問題

$$\begin{cases} \dfrac{dx}{dt} = f(t, x, \alpha), \\ x(t_0) = x_0 \end{cases} \qquad \text{(A. 24)}$$

において，右辺 $f(t, x, \alpha)$ は

$$\widetilde{D} = \{(t, x, \alpha) \in \mathbb{R} \times \mathbb{R}^n \times \mathbb{R}^m \mid |t - t_0| \leqq r,\ \|x - x_0\| \leqq R,\ \|\alpha - \alpha_0\| \leqq \rho\}$$

において定義された $\mathbb{R}^n$ 値連続関数で，次の形のリプシッツ条件をみたすと仮定する（$L$ はリプシッツ定数).

$$\|f(t, x, \alpha) - f(t, y, \alpha)\| \leqq L\|x - y\| \quad ((t, x, \alpha), (t, y, \alpha) \in \widetilde{D}).$$

このとき，(A. 24)の局所解を $x(t) = \xi(t, \alpha)$ と書けば，(定義されている範囲

で) $\xi(t,\alpha)$ は $(t,\alpha)$ について連続である．より詳しく，次の不等式が成り立つ．

$$\|\xi(t,\alpha)-\xi(t,\beta)\| \leqq \omega(\alpha,\beta)(e^{L|t-t_0|}-1). \qquad \text{(A.25)}$$

ただし，

$$\omega(\alpha,\beta) = \max_{|t-t_0|\leqq r}\max_{\|x-x_0\|\leqq R}\|f(t,x,\alpha)-f(t,x,\beta)\|. \qquad \text{(A.26)}$$

□

**定理 A.7** (パラメータに関する微分可能性)　初期値問題(A.24)の右辺 $f(t,x,\alpha)$ は定理 A.6 の仮定に加えて，$(x,\alpha)$ について連続微分可能であると仮定する．

このとき，局所解 $\xi(t,\alpha)$ は $(t,\alpha)$ について連続微分可能であり，$\alpha$ の第 $k$ 成分 $\alpha_k$ に関する偏導関数 $\partial\xi/\partial\alpha_k$ を $y(t)$ と書けば，$y(t)$ は次の常微分方程式の初期値問題の解である．

$$\begin{cases} \dfrac{dy_i}{dt} = \displaystyle\sum_{j=1}^{n}\frac{\partial f_i}{\partial x_j}(t,\xi(t,\alpha),\alpha)y_j + \frac{\partial f_i}{\partial \alpha_k}(t,\xi(t,\alpha),\alpha), \\ y_i(t_0) = 0 \quad (i=1,2,\cdots,n). \end{cases} \qquad \text{(A.27)}$$

□

**注意 A.8**　(1) (A.27)は $y$ について線形方程式である．これから，帰納的に，$f(t,x,\alpha)$ が $(x,\alpha)$ について $C^n$ 級ならば，局所解 $\xi(t,\alpha)$ も $(t,\alpha)$ について $C^n$ 級であることがわかる．

(2) 定理 A.7 の方が使いやすく，内容も豊富であるように見えるが，証明を見れば，これは連続依存性の定理 A.6 の系というべきものであることがわかる．

[定理 A.7 の証明]　定理 A.6 を仮定する．簡単のため $m=1$ と仮定する．いま，$|\alpha-\alpha_0|<\rho$, $|\beta-\alpha_0|<\rho$, $\alpha\neq\beta$ として，

$$\eta(t,\alpha,\beta) = (\xi(t,\alpha)-\xi(t,\beta))/(\alpha-\beta) \qquad \text{(A.28)}$$

を考えると，

$$\frac{d\eta}{dt} = \{f(t,\xi(t,\alpha),\alpha)-f(t,\xi(t,\beta),\beta)\}/(\alpha-\beta).$$

ところで，$f(t,x,\alpha)$ は $(x,\alpha)$ について $C^1$ 級だから，

$$f(t,x,\alpha)-f(t,y,\beta) = F(t,x,y,\alpha,\beta)(x-y)+g(t,x,y,\alpha,\beta)(\alpha-\beta)$$

が成り立つように，$n$ 次正方行列値関数 $F$ と $\mathbb{R}^n$ 値関数 $g$ を定めることができ(アダマールの変形)，$F, g$ は連続で，さらに，次式をみたす．

$$\lim_{\substack{\beta \to \alpha \\ y \to x}} F(t,x,y,\alpha,\beta) = \frac{\partial f}{\partial x}(t,x,\alpha), \quad \lim_{\substack{\beta \to \alpha \\ y \to x}} g(t,x,y,\alpha,\beta) = \frac{\partial f}{\partial \alpha}(t,x,\alpha). \tag{A.29}$$

したがって，$\varphi(t,\alpha,\beta) = F(t,\xi(t,\alpha),\xi(t,\beta),\alpha,\beta)$，$\psi(t,\alpha,\beta) = g(t,\xi(t,\alpha),\xi(t,\beta),\alpha,\beta)$ とおくと，$y = \eta(t,\alpha,\beta)$ は微分方程式

$$\begin{cases} \dfrac{dy}{dt} = \varphi(t,\alpha,\beta)y + \psi(t,\alpha,\beta), \\ y(t_0,\alpha,\beta) = 0 \end{cases} \tag{A.30}$$

をみたす．ところで，方程式(A.30)の右辺は，$\alpha, \beta$ について連続で，$\beta \to \alpha$ のとき，(A.29)よりわかるように，方程式(A.27)になる．よって，定理A.6より，$\eta(t,\alpha,\beta)$ は $\beta \to \alpha$ のとき，線形方程式(A.27)の解に収束する．ゆえに，$\eta$ の定義(A.28)より，$\xi(t,\alpha)$ は $\alpha$ について偏微分可能で，$\alpha$ についての偏導関数 $\partial\xi/\partial\alpha$ は方程式(A.27)の解である．(なお，$\partial\xi/\partial\alpha$ は $(t,\alpha)$ について連続，また，$\partial\xi/\partial t$ も $(t,\alpha)$ について連続だから，$\xi(t,\alpha)$ は $(t,\alpha)$ について $C^1$ 級である．) ∎

### 無限粒子のビリヤード

無限次元の微分方程式は，解をもつとは限らず，また解をもっても一意的とは限らない．ここでは後者について確信するに足る例(ランフォード(O. Lanford)による)を挙げておこう．

撞球(ビリヤード)を考えよう．1つの静止した球に同じ大きさの球を当てる場合，静止した球が動き得る方向は，図1のように，2円の共通接線にはさまれた範囲のすべてである．

よって，図2のように，十分近い平行な2直線上に，それぞれ等間隔に，交互に球を無限個配列した状態を考え，上の直線上の1つ突いて，その左下にある球に当て，その球がその左上にある球に当たり，… と順次左側の球に次々と衝突させていくことができる．

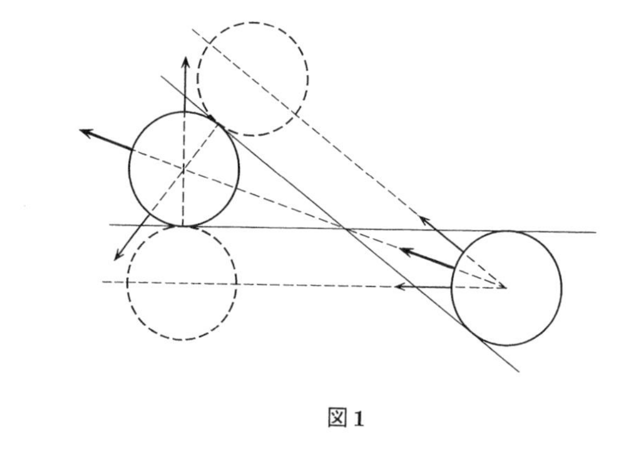

図 1

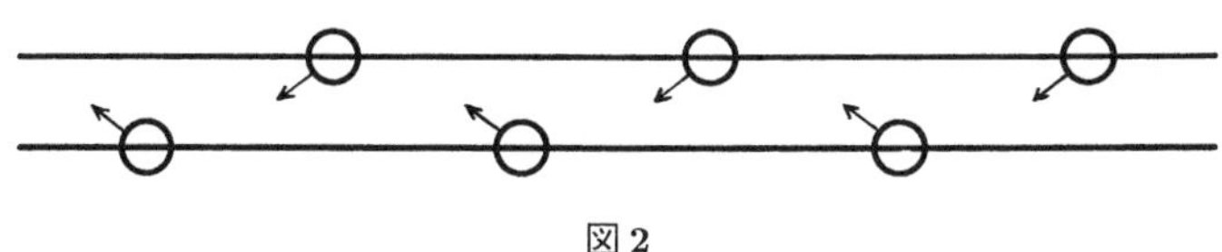

図 2

このとき，最初に突いた球の初速度の大きさを $v_0$，第 $n$ 番目の球の速度の大きさを $v_n$ とすると，

$$v_n = cv_{n-1} \quad (n = 1, 2, \cdots)$$

ただし，$0 < c < 1$. よって，第 $n$ 粒子に衝突するまでの時間は，$(1+c^{-1}+c^{-2}+\cdots+c^{-(n-1)})v_0^{-1}=(c^{-n}-1)v_0^{-1}/(c^{-1}-1)$ に比例する.

いま，平面上に原点を定めておき，その右側 $n$ 番目の球を初速度 $v_0 = c^{-n}$ とすると，$n$ 回目の衝突が原点近くで起こるまでにかかる時間は，$T_n = (1-c^n)/(c^{-1}-1)$. よって，$\lim_{n\to\infty} T_n = 1/(c^{-1}-1) < \infty$.

つまり，時刻 0 に無限右方で無限速度で衝突が始まったとすると，有限時間 $1/(c^{-1}-1)$ で衝突が原点近くまで及び，以後左方に衝突が波及していく.

一方で，すべての球が静止したままというのも，考え得る球の配置の運動形態の 1 つである.

よって，この球の配置の運動は一意的に定まらない.（球の弾性衝突を，近隣だけの強い反発力による散乱に置きかえれば，無限個の連立常微分方程式系の話になる.）

# 現代数学への展望

振り返ってみると，1970年代には既に，時代の流れが無限次元に移り始めていたように思われる．この本が『微分と積分1,2』,『現代解析学への誘い』および『複素関数入門』とともに現代数学の入門書として，その内容を解析学の中でも基本的で，かつ，やさしい(したがって，最も重要な)事項に限定しているにも関わらず，変分法にも触れたのもそのためである．かつて，実数直線や平面における微分積分学が共通の常識になったのと同様に，関数のつくる空間あるいは曲線や曲面のつくる空間における微分積分学，すなわち，変分学は現代数学の常識となりつつあり，また理論物理学などの諸分野でも日常的に使われている．一方で，無限次元の空間の上の幾何学や解析学は，未知の部分も多く，いまだ発展途上の魅力的な領域であり，21世紀中には完成されていくことが期待される．

まず，この本に書かれていないこと，および，演習問題の背景などの補足的なことから話を始めよう．

微分方程式の解を陽な形で具体的に求めることを求積法という．これについてこの本では，変数分離形，同次形など最も基本的な例を挙げたのみである．演習問題3.4として相似変換の例で示したが，微分方程式がもつ対称性に応じて，これを不変にする1径数変換群の数だけ積分(第1積分)が存在する．したがって，求積の問題は対称性の発見の問題となる．とくに，演習問題3.3のカルジェロ–モーザー系のように自由度の数 $m$ だけの独立な積分をもつ系は，完全積分可能系と呼ばれ，最も対称性の高い系であり，コンパクトな場合は $m$ 次元トーラス $\mathbb{T}^m$ 上の準周期運動 $x \to x+\alpha$ と共役である．§2.5で触れたリー環，またリー群などに関する数学は，リー(S. Lie)により，このような微分方程式の対称性の問題を主要な動機として始まり，20世紀に一応完成され，さらに現在では，無限次元の場合の研究が展開されている．

§1.4 では，初等関数を微分方程式の視点から考えたが，演習問題 1.4 の楕円関数，あるいはよく知られたテータ($\theta$)関数や超幾何関数のように，簡単な微分方程式で定められる特殊関数と総称される個性豊かな関数の一群がある．物理学に現れる偏微分方程式を解く際などにもこのような関数が頻繁に利用されるが，それ以上に，これらの関数は高い対称性をもち，モノドロミーの理論や関数等式など美しい数学の世界がそこに展開される．これについては，この本ではほとんど触れなかった．興味がある読者は参考書 10. あるいは 9. を手始めに勉強を進めていただきたい．

また，この本では，主として初期値問題を扱い，境界値問題は(§2.2 を除けば)，演習問題 2.2 で触れたのみである．これについては，たとえば，本シリーズの『熱・波動と微分方程式』でも扱われている．さらに，引き続く岩波講座『現代数学の基礎』では,「実関数と Fourier 解析 1,2」を基礎として,「微分方程式と固有関数展開」でスツルム–リウヴィル理論が本格的に展開される．また，その抽象化は「関数解析 1,2」において与えられる．

常微分方程式の初期値問題

$$f\frac{dx}{dt} = f(t,x), \quad x(t_0) = x_0$$

は，積分方程式

$$x(t) = x(t_0) + \int_{t_0}^{t} f(s, x(s))ds$$

に変換すると，その解の存在や一意性を証明する際には扱いやすかった(付録参照)．

積分方程式は，歴史上，変分問題や微分方程式の解に表示を与える変換として，ラプラスやフーリエ，アーベルなどにより研究が始まり，リウヴィルは 2 階の線形常微分方程式(スツルム–リウヴィル方程式)の境界値問題の解のパラメータに関する展開を論じた．

しかし，積分方程式ということばが初めて使われたのは 1888 年のデュボア・レイモンの論文であり，その後，20 世紀初頭にヴォルテラ(V. Volterra)やフレドホルム(E. I. Fredholm)，そしてヒルベルト(D. Hilbert)たちにより，方程式として本格的に研究されることになった．これに関しては，演習問題5.5でアーベルの積分方程式を扱い，本シリーズ『現代数学の流れ2』などでも触れるが，きちんと勉強したい読者には，参考書の11.を薦める．

演習問題3.2では，リャプノフ関数の例として，確率論のマルコフ連鎖(Markov chain)に対する(相対)エントロピーを取り上げてみた．1つには，統計力学の数学的基礎付けなどで広く知られた故R.L.ドブルーシンの訃報に執筆中に接して思い出したこともあるが，リャプノフ関数が具体的な意味をもつ例として取り上げたものである．微分積分，行列と行列式，微分方程式(できればフーリエ解析も)の知識があれば，勉強できる数学の範囲も，また，それだけで解析できる数理的な対象も急速に広がる．読者は各自の興味に応じて先に進んでほしい．

演習問題5.4では，ニュートンの運動方程式の解法として，モーザー(J.Moser)による$\mathbb{C}^2$上の線形方程式に帰着する方法を取り上げた．一般的な常微分方程式の解全体がつくる空間の構造は福原満洲雄たちにより研究されたが(参考書19.参照)，完全積分可能系などの具体的な方程式については，さらに，その解全体のつくる空間(多様体)の幾何学的(あるいは代数的)構造も研究されている．著者にはこの本のレベルでそれを説明することはできないが，これは，そのような例のひとつである．

演習問題6.1も，それ自身はやさしいが，最先端の話題からの取材である．ここでは熱方程式(と同類の方程式)の形で示したが，本来はシュレディンガー方程式の形で示すべきであったかも知れない．この場合は，ラグランジュ関数が$q, v$について2次形式なので，厳密な等式であるが，一般には，作用量とそのヘッセ行列で表される関数

$$\left(\frac{\partial^2 S(t,x,y)}{\partial x \partial y}\right)^{1/2} \exp iS(t,x,y)$$

はシュレディンガー方程式の解の準古典極限として得られる．これは数理物理では古くから知られており，ファン・ヴレック(van Vleck)の公式と呼ばれている．第6章の最後の方の問の答も，実は，ヤコビ(Jacobi)方程式(ラグランジュ方程式の線形化方程式)に付随するある無限次元の積分作用素の

行列式になっていることが知られている.

以上で，補足的な説明は終わりにしよう.

以下では，この本に現れた数多くの考え方や手法の中から1つだけ選んで，現代数学につながる1つの流れを紹介しよう．それは，部分積分の考え方である.

§5.2で，オイラー–ラグランジュ方程式の導出の際に用いたデュボア・レイモンの補題は，変分学の基本定理ともいうべきもの(P. du Bois-Reymond, Erläuterungen zu den Aufangsgründen der Variationsrechnung, *Math. Annalen*, **15** (1879), 283–303)で，次のように一般化される(演習問題5.2を参照).

**定理1** $f(x)$ が連続関数で，任意の十分滑らかな関数 $\varphi(x)$ に対して，$\varphi(x)$ が区間 $[a,b]$ の両端近くで0のとき，

$$\int_a^b f(x)\varphi^{(m)}(x)dx = 0$$

が成り立てば，$f(x)$ は $m$ 回微分可能で，$f^{(m)}(x)=0$. □

したがって，おおらかに部分積分の公式を形式的に適用した結果が正当化されたことになる.

17世紀にニュートンやライプニッツに始まり，18世紀のオイラーやラグランジュたちの時代におおらかで豊かな成果をもたらした微分積分法は，関数の連続性や実数の連続性についての確固とした基礎を欠いていたために綻びを見せ，やがて実数論を基礎としていわゆる $\varepsilon$-$\delta$ 論法を用いることにより，最大値の定理や中間値の定理などが確立され，微分積分学として厳密な取り扱いが可能となった．その実数論の基礎として有名な切断の概念を与えたデデキントが，ディリクレ問題の最小解の存在に対する“証明”を与え，これに対してワイエルシュトラスが反例を与えたことは，どこか人間臭い，数学史上の皮肉なひとこまである.

20世紀に入ってから，数学者の書く研究論文は厳密で論理的でかつ簡潔な，数学独特のスタイルで書かれるようになり，ついでに，専門書だけでな

く入門書までがしばしばそのスタイルで著されるようになり，弊害も生じた．しかし，当然予想されるように，ガチガチの形式論理のみで，新しい数学が生まれてくるわけはない．しばしば，“おおらかに形式的に”扱ってよいと仮定して推論を行ない，得られた確信に，個別に事後的に，証明を与える(発見的方法(heuristic argument)という)．そのような状況証拠の積み重ねの中から，問題の本質の洞察に至り，新しい概念が発見され，理論が構築され，一般的な証明が与えられていくことがよくある．

ディラックは名著『量子力学』(1930年)の中で，連続スペクトルを扱うために,「普通の数学的な意味での関数 … とは限定しないで，もっと一般的な何物かである」デルタ関数 $\delta(x)$ を導入した．その定義は，

$$\int_{-\infty}^{\infty}\delta(x-a)dx=1, \quad \delta(x)=0 \quad (x\neq 0)$$

であり，最も重要な性質として，任意の連続関数 $f(x)$ に対して

$$\int_{-\infty}^{\infty}f(x)\delta(x-a)dx=f(a)$$

が成り立つこと，その導関数 $\delta'(x)$ の重要な性質として，

$$\int_{-\infty}^{\infty}f(x)\delta'(x-a)dx=f'(a)$$

が成り立つことを挙げている．さらに，次の節では，デルタ関数はヘビサイド関数

$$H(x)=\begin{cases}1 & (x>0)\\ 0 & (x<0)\end{cases}$$

の微分であり(現在は，$H(x)=1$ $(x\geqq 0)$; $=0$ $(x<0)$ が普通)

$$\int_{-\infty}^{\infty}f(x)H'(x-a)dx=f(a)=\int_{-\infty}^{\infty}f(x)\delta(x-a)dx$$

が成り立つことを，形式的な部分積分の適用により示している．さらに，例えば次のような重要な(現在では正当化された)公式を，おおらかな微分積分の適用により導いている．

$$x\delta'(x) = -\delta(x),$$

$$\int_{-\infty}^{\infty} \exp iax\, dx = 2\pi\delta(a),$$

$$\frac{d\log x}{dx} = \frac{1}{x} - i\pi\delta(x).$$

(最後から2番目のものはフーリエ積分の知識が必要であるが，他のものは，読者自身で“おおらかに形式的に”導いてみるとよい．)

この頃から，アダマール(J. Hadamard)の発散積分の有限部分の考え方(1932年)など，関数概念の拡張のさまざまな試みがなされている．ソボレフ(S. L. Sobolev)は「部分積分の概念を通じて微分概念の拡張」を試み(1936年)，シュワルツ(L. Schwartz)は，その部分積分に即した関数概念の拡張を与え，超関数(distribution)と呼んだ(1945年)．大ざっぱにいえば，超関数とは，連続関数を有限回微分したものであり，数学的な実体は，滑らかでたちのよい関数(試験関数という)の空間の上の線形汎関数として与えられる(参考書17., 18. 参照)．

超関数の意味では，普通の意味では微分不可能な関数も，微分できることになる．たとえば，$\lambda \in \mathbb{C}$ として，次の関数を考えてみよう．

$$E_\lambda(x) = \begin{cases} e^{\lambda x} & (x \geqq 0), \\ 0 & (x < 0). \end{cases}$$

超関数の意味での微分 $E'_\lambda(x)$ は部分積分によって定義される．つまり，任意の試験関数 $\varphi(x)$ に対して

$$\int_{-\infty}^{\infty} E'_\lambda(x)\varphi(x)dx = -\int_{-\infty}^{\infty} E_\lambda(x)\varphi'(x)dx$$

が成り立つ．この右辺は，ふつうの積分だから，計算を続行すると，

$$= -\int_0^{\infty} e^{\lambda x}\varphi'(x)dx$$

$$= -e^{\lambda x}\varphi(x)\Big|_{x=0}^{\infty} - \int_0^{\infty} \lambda e^{\lambda x}\varphi(x)dx$$

$$= \varphi(0) + \lambda \int_{-\infty}^{\infty} E_\lambda(x)\varphi(x)dx$$

したがって,

$$E_\lambda'(x) = \delta(x) + \lambda E_\lambda(x)$$

が得られる．とくに，$\lambda = 0$ とすれば，$E_0 = H$ だから，ディラックの述べている式 $H' = \delta$ となる．

超関数の微分についても，ふつうの微分法の多くはそのまま成り立つ．たとえば，$U$ を超関数，$f$ を滑らかな関数とすると，

$$\int (fU)'\varphi\, dx = -\int fU\varphi' dx = -\int U((f\varphi)' - f'\varphi)dx$$

$$= \int fU'\varphi\, dx + \int f'U\varphi\, dx\,.$$

よって，積の微分の公式

$$(fU)' = fU' + f'U$$

が成り立つことがわかる．同様に，部分積分に立ち帰ると，他のさまざまな公式も証明することができる．（注意．2 つの超関数の積は例外で，一般には定義することができない.）

また，デルタ関数 $\delta(x)$ は，たたみ込みに関して特別な意味をもっている．容易にわかるように，

$$f * \delta(x) = \delta * f(x) = f(x)$$

が成り立つ．（$f(x)$ が試験関数ならば，$f(a-x)$ もそうであることに注意するだけでよい.）群のことばでいえば，デルタ関数 $\delta(x)$ は，積 $*$ に関する単位元である．また，超関数 $U(x)$ と関数 $f(x)$ のたたみ込みの微分について

$$(U * f)'(x) = U' * f(x) = U * f'(x)$$

が成り立つ．

これらから，たとえば，次のようなことがいえる．最初の例の計算から，$U(x) = E_\lambda(x)$ は，超関数に対する微分方程式

$$\frac{dU}{dx} - \lambda U = \delta(x)$$

の解であった．よって，$U(x) = E_\lambda * f(x)$ は，方程式

$$\frac{dU}{dx} - \lambda U = f(x)$$

をみたす．同様なことは，一般の線形方程式についてもいえる．

ともかく，このような，超関数という

“普通の関数を含み，部分積分が自由にかつ厳密な意味で行える世界”

が確立された．(さらに，超関数の列について極限を，つまり，収束を(あるいは位相を)考えられることも大切な点である．) これにより，フーリエ変換論などは簡明な記述をすることが可能となり(「実関数と Fourier 解析 2」)，偏微分方程式論などでは，まず超関数の意味での解(弱い解)を考えて，それがどのような超関数(例えば，普通の関数)であるかどうかを調べることが自然なことになった．また，カレント(超関数を係数とする微分形式)は幾何学では欠くことのできない基本概念の 1 つである．

なお，ここまでの話とは一応独立であるので，ここでは触れなかったが，佐藤幹夫は，$\mathbb{R}$ 上の関数を，$\mathbb{C}$ 上で考え，上半平面，下半平面での解析的な関数 $F(z)$ の境界値の差 $F(x+i0)-F(x-i0)$ として捉えて，超関数(hyperfunction)を導入し(1958 年)，今日，代数解析学と称される分野を創始している．

# 参考書

この本は，本シリーズの次のものを前提として書かれている．

1. 青本和彦，微分と積分 1
2. 高橋陽一郎，微分と積分 2
3. 砂田利一，行列と行列式
4. 神保道夫，複素関数入門

(1. 以外は並行して読むことも可能．これらをすでに読んでいて，この本が読み進められなければ，それは読者の責任ではなく，著者の力不足のためである．)

この本では物足りない読者のためには，

5. V.I. アーノルド，常微分方程式，足立正久・今西英器訳，現代数学社，1981.
6. S. スメール・M.W. ハーシュ，力学系入門，田村一郎他訳，岩波書店，1976.
7. L.S. ポントリャーギン，常微分方程式(新版)，千葉克裕訳，共立出版，1968.
8. 高橋陽一郎，微分方程式入門，東京大学出版会，1988.

著者自身のものを挙げるには躊躇もあるが，挙げないのもまた問題であろう．この本で触れなかった側面に力点のある本として入手しやすいものは，

9. 高野恭一，常微分方程式，朝倉書店，1994.

この本の中に現れる話題に関して，あるいは，関連して，もっと知りたい読者には，次のものから入るとよい．

10. 戸田盛和，特殊関数，朝倉書店，1981.
11. 溝畑茂，積分方程式，朝倉書店，1968.
12. 吉田耕作，演算子法——一つの超函数論，東京大学出版会，1982.
13. J. ミクシンスキー，演算子法(新版)(上・下)，松村英之・松浦重武訳(上)，松浦重武・笠原晧司訳(下)，裳華房，1985.
14. W. フェラー，確率論とその応用 I(上・下)，河田龍夫監訳，紀伊國屋書店，1960, 1961.
15. L.D. ランダウ他，力学(ランダウ＝リフシッツ理論物理学教程，増訂第 3 版)，広重徹・水戸巌訳，東京図書，1974.
16. V.I. アーノルド・A. アベス，古典力学のエルゴード問題，吉田耕作訳，吉

岡書店，1972.

17. L.シュワルツ，物理数学の方法，吉田耕作訳，岩波書店，1966.

18. L.シュワルツ，超函数の理論(原書第3版)，岩村聯他訳，岩波書店，1971.

常微分方程式論の本格的な勉強のために，

19. 福原満洲雄，常微分方程式(第2版)，岩波書店，1980.

20. コディントン・レヴィンソン，常微分方程式論(上・下)，吉田節三訳，吉岡書店，1968, 1969.

21. ハラナイ，微分方程式(上・下)，加藤順二訳，吉岡書店，1968, 1969.

次のような現代の名著には，一度は触れておきたいものである.

22. 久賀道郎，ガロアの夢——群論と微分方程式，日本評論社，1969.

23. 齋藤利弥，解析力学，至文堂，1961.

24. 佐武一郎，リー群の話，日本評論社，1982.

25. ポリヤ，数学の発見は如何になされるか 1. 帰納と類比，柴垣和三雄訳，丸善，1959.

この最後のものは，母関数の考え方などもわかりやすく説明されている.

歴史に興味があれば，

26. 齋藤利弥，力学系以前 ポアンカレを読む，日本評論社，1984.

27. H.ポアンカレ，常微分方程式(現代数学の系譜6)，福原満洲雄・浦太郎訳・解説，共立出版，1970.

(ポアンカレの「天体力学講義」の翻訳)

28. 丹羽敏雄，力学系，紀伊國屋書店，1981.

(第1章は歴史に当てられている.)

最後に，英語ではあるが，数値計算まで含めて，手法という切り口で微分方程式を書いた本を挙げておく.

29. D. Zwillinger, *Handbook of differential equations*, Academic Press, 1989.

# 問 解 答

## 第1章

**問1** (以下，積分定数 $A, B, C$ 等はいちいち断わらない.)

$$\int \frac{dr}{r} = -\int \tan\frac{\theta}{2}d\theta = 2\log\left|\cos\frac{\theta}{2}\right| + A$$

より，$r = 2C\cos^2(\theta/2) = C(1+\cos\theta)$ $(C = e^{A/2}/2)$.

**問2** $u = yy'$ とすると，$u' = y'^2 + yy''$. よって，方程式は $xu' = u$ となる. $u'/u = 1/x$ より，$u = Ax$. したがって，$(y^2)' = 2yy' = 2u = 2Ax$. ゆえに，$y^2 = Ax^2 + B$.

**問3** $(x^2+y^2)^2 = a^2(x^2-y^2)$ を微分すると，$4(x^2+y^2)(x+yy') = 2a^2(x-yy')$. $a^2$ を消去して，$x^3-3xy^2+(3x^2y-y^3)y' = 0$. よって，求める方程式は，$y' = (x^3-3xy^2)/(y^3-3x^2y)$. これを解こう. 右辺は $x, y$ の1次同次式だから，$y = ux$ とおくと，$xu'+u = (1-3u^2)/(u^3-3u)$. よって，$1/x = u'(u^3-3u)/(1-u^4)$. これより，$u^2 = v$ として，

$$\int\frac{dx}{x} = \int\frac{(u^3-3u)du}{1-u^4} = \frac{1}{2}\int\frac{v-3}{1-v^2}dv$$
$$= \frac{1}{2}\int\left(\frac{1}{v-1} - \frac{2}{v+1}\right)dv = \frac{1}{2}(\log|v-1| - 2\log|v+1|) + A.$$

ゆえに，$x^2 = C(v-1)/(v+1)^2$. つまり，$(x^2+y^2)^2 = C(y^2-x^2)$.

**問4** $x = t - a\tanh t/a$, $y = a\cosh t/a$.

**問5** $y = (a+b)/2 + (b-a)\cosh z/2$ とすると，$(b-a)\cosh^2(z/2)dz = dx$. これより，$x = (b-a)(z+\sinh z)/2 + C$, $y = (a+b)/2 + (b-a)\cosh z/2$.

**問7** $x_{t_1, t_2}$ の微分可能性さえ確かめれば，あとは自明.

**問8** $\int x^{-\alpha}dx = x^{1-\alpha}/(1-\alpha)$ $(\alpha \neq 1)$ より，$0 < \alpha < 1$ ならば，広義積分 $F(x) = \int_0^x x^{-\alpha}dx$ は確定し，$F(x) = t$ の逆関数を用いて，問7と同様の $x_{t_1, t_2}$ が作れる. 一方，$\alpha \geqq 1$ ならば，$\int_{0+}^x x^{-\alpha}dx = +\infty$ となるから，$x(t) \equiv 0$ の他に解は存在し得ない.

**問9** (1) $x = Ae^{-t} + Ce^{2t}$, $y = Be^{-t} + Ce^{2t}$, $z = -(A+B)e^{-t} + Ce^{2t}$. (2) 略.

**問 10**　略.（積分の公式！）

**問 11**　定義通り.

**問 13**　(1) $(z^{-1})' = -z^{-2}z' = -a - bz^{-1} + cz^{-2}$ は $z^{-1}$ についてリッカティ方程式.
(2) $(z-z_0)' = a(z^2-z_0^2) + b(z-z_0) = (z-z_0)(a(z-z_0)+b)$ より明らか.（リッカティ方程式は 1 つ解を見つければ，他の解がすべて見つかることになる.）

**問 14**　容易.（もちろん，$\cos x = \cosh(ix)$, $\sin x = -i\sinh(ix)$ を利用して示すこともできる.）

## 第 2 章

**問 1**　やさしい問は自分でやっておこう.

**問 3**　(1) $P(z) = z^3 - z^2 - z + 1 = (z-1)(z^2+1)$ より，$u(t) = Ae^t + Be^{it} + Ce^{-it}$.
(2) $P(z) = z^3 - 3iz^2 - 3z - i = (z-i)^3$ より，$u(t) = (C_0 + C_1 t + C_2 t^2)e^{it}$.

**問 4**　(1) 定義より明らか.(2) (1)より帰納法が使える.

**問 5**　(b′)のとき，$C_1 + C_2 = C_1\rho + C_2\rho^{-1}$，$C_1\rho^N + C_2\rho^{-N} = C_1\rho^{N+1} + C_2\rho^{-N-1}$. 第 1 式より，$C_2 = C_1\rho$. 第 2 式より，$(\rho^N - \rho^{-N})(\rho - 1) = 0$. よって，$\rho$ が 1 の $2N$ 乗根の場合に限る. ゆえに，$\alpha = \cos(\pi k/N)$ $(k = 0, 1, \cdots, 2N-1)$.（b″)のとき，$C_1 + C_2 = C_1\rho^{N+1} + C_2\rho^{-N-1}$ より，$C_2 = \rho^{N+1}C_1$ であればよい. よって，$\alpha$ に対する条件はない.（しかし，$u_n = C(\rho^n + \rho^{N+1-n})$ に限る.）

**問 6**　何通りかの証明が考えられる.（これ自身，線形代数の結果の 1 つである.）$n \to \infty$ での振舞いを調べる方法もある.（$|\rho_1| > |\rho_2|$ ならば，$c_1u_1 + c_2u_2 = 0$ $(u_1 \in \mathcal{U}_{\rho_1, m_1}, \mathcal{U}_{\rho_2, m_2})$ の両辺を $|\rho_1|^{-n}$ で割って，$n \to \infty$ とすれば $c_1 = 0$. よって，$c_2 = 0$. また，$|\rho_1| = |\rho_2|$ ならば，$\rho_2/\rho_1 = e^{i\alpha}$ として，$n \to \infty$ でのチェザロ平均 $((a_1 + \cdots + a_n)/n)$ を考えればよい.）

**問 7**　(1) 略.

(2)
$$
\begin{aligned}
U(X) &= \sum_{n=0}^{\infty} u_n X^n = 0 + 1\cdot X + \sum_{n=0}^{\infty}(u_n + nu_{n+1})X^{n+2} \\
&= X + X^2U(X) + X^2\sum_{n=0}^{\infty} nu_{n+1}X^n \\
&= X + X^2U(X) + X(XU'(X) - U(X)).
\end{aligned}
$$

よって，$X^2U'(X) + (X^2 - X - 1)U(X) + X = 0$.

(3) $U(X) = \sum_{n=0}^{\infty} u_n X^n = 1 + \sum_{n=0}^{\infty} u_{n+1}X^{n+1} = 1 + X\sum_{n=0}^{\infty}\left(\sum_{k=0}^{n} u_k u_{n-k}\right)X^n$

$$= 1+X\left(\sum_{k=0}^{\infty} u_k X^k\right)^2 = 1+XU(X)^2.$$

よって，$XU(X)^2-U(X)+1=0$. これより，

$$U(X) = \{1\pm(1-4X)^{1/2}\}/(2X).$$

$X\to 0$ のとき，$U(X)\to 1$ だから，

$$U(X) = \{1-(1-4X)^{1/2}\}/(2X) = \sum_{n=1}^{\infty} -\binom{1/2}{n}(-4)^n X^n/(2X)$$

$$= \sum_{n=1}^{\infty}(-1)^{n-1}\binom{1/2}{n}2^{2n-1}X^{n-1}.$$

ゆえに，

$$u_n = (-1)^{n-1}\binom{1/2}{n}2^{2n-1} = (2n-2)!/(n!(n-1)!).$$

**問 8**　略.（このような観察は，いわれればすぐに証明できる.）

**問 9**　(1)（公式を用いてもよいが直接示すと）$(d/dt-2)e^t = -e^t$ より，$u=-e^t$ は特解. よって，一般解は $u=Ce^{2t}-e^t$.

(2) $(d/dt-1)(te^t) = (te^t+e^t)-te^t = e^t$ より，解は $u=(t+C)e^t$.

**問 10**　$e_3*e_2*e_1*f\ (=(1/2)e_3*f+(1/2)e_1*f-e_2*f)$.

**問 11**　(1) $C_1e^t+C_2e^{-t}-(1/2)\sin t$. (2) $A\sin t+B\cos t-(1/2)t\cos t$.

**問 12**　各自試みよ.

**問 13**　$\Phi(t,s)=X(t)X(s)^{-1}$ とおくと，$\Phi(t,t)=E$, $\partial\Phi/\partial t = A(t)\Phi$. また，行列の微分の公式より，$dX/dt=(\mathrm{tr}\,A(t))X(t)$ がわかるから，これを積分して後半が得られる.

**問 14**　(a) $\Longrightarrow$ (b)：$(tA+sB)^n = \sum_{m=0}^{n}\binom{n}{m}t^m s^{n-m}A^m B^{n-m}$ が成り立つから明らか. (b) $\Longrightarrow$ (a)：(b)の両辺を $t=s=0$ でテイラー展開すると，

$$\begin{aligned}&E+(tA+sB)+(tA+sB)^2/2+\cdots\\&\quad=\{E+tA+(tA)^2/2+\cdots\}\{E+sB+(sB)^2/2+\cdots\}\\&\quad=E+(tA+sB)+(t^2A^2+2tsAB+s^2B^2)/2+\cdots.\end{aligned}$$

よって，$AB+BA=2AB$. ゆえに，(a).

**問 15**　明らか.

**問 16**　自分で解いてみて，ジェットコースターの体感と比べてみよう.

**問 17**　自分の手で確かめてみること.

**問 18**　略.（問 14 の解答を参考にせよ.）

**問 19**　(a), (b) 略.

(c) $\begin{pmatrix} e^{\lambda t} & te^{\lambda t} & t^2e^{\lambda t}/2 \\ 0 & e^{\lambda t} & te^{\lambda t} \\ 0 & 0 & e^{\lambda t} \end{pmatrix}$,　(d) $\begin{pmatrix} e^{\lambda t} & 0 & 0 \\ 0 & e^{\alpha t}\cos\beta t & -e^{\alpha t}\sin\beta t \\ 0 & e^{\alpha t}\sin\beta t & e^{\alpha t}\cos\beta t \end{pmatrix}$.

**問 20**

$$\begin{pmatrix} \lambda & & & 0 \\ & \mu & & \\ & & \nu & \\ 0 & & & \xi \end{pmatrix}, \quad \begin{pmatrix} \lambda & 1 & & \\ & \lambda & & \\ & & \mu & \\ & & & \nu \end{pmatrix}, \quad \begin{pmatrix} \lambda & 1 & & \\ & \lambda & 1 & \\ & & \lambda & \\ & & & \mu \end{pmatrix}, \quad \begin{pmatrix} \lambda & 1 & & \\ & \lambda & 1 & \\ & & \lambda & 1 \\ & & & \lambda \end{pmatrix},$$

$$\begin{pmatrix} \lambda & 1 & & 0 \\ & \lambda & & \\ & & \mu & 1 \\ 0 & & & \mu \end{pmatrix}, \quad \begin{pmatrix} \lambda & & & \\ & \mu & & \\ & & \alpha & -\beta \\ & & \beta & \alpha \end{pmatrix}, \quad \begin{pmatrix} \lambda & 1 & & 0 \\ 0 & \lambda & & \\ & & \alpha & -\beta \\ 0 & & \beta & \alpha \end{pmatrix},$$

$$\begin{pmatrix} \alpha & -\beta & & 0 \\ \beta & \alpha & & \\ & & \gamma & -\delta \\ 0 & & \delta & \gamma \end{pmatrix}, \quad \begin{pmatrix} \alpha & -\beta & 1 & 0 \\ \beta & \alpha & 0 & 1 \\ & & \alpha & -\beta \\ 0 & & \beta & \alpha \end{pmatrix}$$

## 第 3 章

**問 1**　微分すればよい.

**問 2**　$b_i(x)=\sum_j a_j(x)\partial\varphi^j/\partial x_i$.（よって，注意 3.4 の記法のよさがある.）

**問 3**　前半は明らか. 一般に，$|\operatorname{tr}(A)|=\left|\sum_{i=1}^n a_{ii}\right| \leqq \left(n\sum_{i=1}^n |a_{ii}|^2\right)^{1/2} \leqq n^{1/2}\|A\|$ だから，(3.14′)の右辺は収束している. あとは，明らか.

**問 4**　$t\leqq T$ とすればよい.

**問 5**　答が与えられれば，明らかであろう.

**問 6**　$F=e^x y$, $x+\log|y|$.

## 第 4 章

**問 1**　略.（ジョルダンの標準形を用いよ. 別証明も可能ではある.）

**問 2**　根の公式による. 場合分けに注意せよ.

**問 3**　(1) 不動点は $(0,0)$ のみ. 線形化方程式は $dx/dt=y$, $dy/dt=-x+ay$. $\begin{pmatrix} 0 & 1 \\ -1 & a \end{pmatrix}$ の特性方程式は，$\lambda^2-a\lambda+1=0$. その根は $\lambda=(a\pm\sqrt{a^2-4})/2$. よっ

て，$a<0$ のときは $(0,0)$ は沈点，$a>0$ のときは源点，$a=0$ のときは渦心.

(2) 不動点は $(0,0)$ および $(\pm 1,0)$. $(0,0)$ での線形化方程式は $dx/dt=y$, $dy/dt=-2\mu y+x$ で(1)と同様. $(\pm 1,0)$ での線形化方程式は $dx/dt=y$, $dy/dt=-2\mu y-2x$. $\begin{pmatrix} 0 & 1 \\ -2 & -2\mu \end{pmatrix}$ の特性方程式は，$\lambda^2+2\mu\lambda+2=0$. その根は，$\lambda=\lambda_\pm:=-\mu\pm\sqrt{\mu^2-2}$. $\mu>0$ のときは $\mathrm{Re}\,\lambda_\pm<0$ で，沈点. $\mu<0$ のときは $\mathrm{Re}\,\lambda_\pm>0$ で，源点. $\mu=0$ のとき，この方程式はハミルトン関数 $H=-(x^2/2+x^4/4)+y^2/2$ のハミルトン方程式で，$(0,0)$ は双曲型不動点(鞍点)，$(\pm 1,0)$ は楕円型不動点(渦心)である.

**問4** $dz/dt=2z(\alpha-z)$ を解けば，明らか.

**問5** (1) $h(x,y)=(|x|^{1/\alpha}\,\mathrm{sgn}(x),\ |y|^{1/\beta}\,\mathrm{sgn}(y))$. (2) 略.

**問6** $H=C$，つまり，$y=\pm(2C-\alpha x^2+x^4/2)^{1/2}$ のグラフを描くには，まず，$y=\alpha x^2-x^4/2$ のグラフを描き，$y\leqq 2C$ の範囲を調べるとよい.

**問7** $y=\alpha\sin x$ と $y=x$ の交点の個数を調べればよい.

## 第5章

**問1** 回転面の面積の公式そのものである.

**問2** 極座標では，$dxdy=rdrd\theta$,

$$\left(\frac{\partial u}{\partial x}\right)^2+\left(\frac{\partial u}{\partial y}\right)^2=\left(\frac{\partial u}{\partial r}\right)^2+r^{-2}\left(\frac{\partial u}{\partial \theta}\right)^2$$

だから，

$$\int_D |\nabla u|^2 dxdy=\int_0^1\int_0^{2\pi}\left\{\left(\frac{\partial u}{\partial r}\right)^2+r^{-2}\left(\frac{\partial u}{\partial \theta}\right)^2\right\}rdrd\theta \geqq \int_0^1\int_0^{2\pi}\left(\frac{\partial u}{\partial r}\right)^2 rdrd\theta\,.$$

よって，$u(x,y)=\varphi(r)$ の形のときに(存在すれば)最小値を与えることになる.

**問3** 明らか.

**問4** 略.（演習問題 5.5 参照.）

**問5** (1) 明らか. (2) 自分で見つけること. (3) 略.

**問6** 前半略. $v\equiv 0$, $a\leqq \sinh u\leqq b$, $ds=du$ より，$\sinh^{-1}b-\sinh^{-1}a$.

**問7** 結果が自明に見えなければ，ていねいに計算してみること.

**問8** 前半は略. 後半. まず，平行移動して次に直径の一端が原点にある半円の場合を考えよ. このとき，直径の他の一端は必然的に $\infty$ に写される.

**問9** 一度は計算してみよう！ もちろん，これらは球の，その中心を通る平面による切り口である.

**問 10**　自分で確かめてこそ，面白いはず.

## 第 6 章

**問 1**　明らか.

**問 2**　例 6.3 と同様.

**問 3**　$H(q,p)=(q^2-p^2)/2$ を確かめ，後は代入すればよい.

**問 4**　$H=y^2(p^2+q^2)/2=\beta py$ を確かめ，後は代入すればよい.

# 演習問題解答

## 第1章

**1.1** $u(t,x)=f(x-ct)$ のとき，$\partial u/\partial t=-cf'(x-ct)$，$\partial^k u/\partial x^k=f^{(k)}(x-ct)$ だから，$y=f(x)$ として，

(1) $y''+cy'+y(1-y)=0$，(2) $y'''-6yy'+cy'=0$.

**1.2** 第2式を微分して，$p=dy/dx=p+(x+f'(p))dp/dx$. よって，$dp/dx=0$ でない解として，$x=-f'(p)$, $y=f(p)-pf'(p)$ を助変数表示とする曲線が現れ得る．例の場合，2 垂線の長さの和を $2c$ とすると，$(1+p^2)^{-1/2}\{|y-p(x-a)|+|y-p(x+a)|\}=2c$. $y-p(x\pm a)$ が同符号のとき，$y=px+f(p)$，$f(p)=\pm c(1+p^2)^{1/2}$. このとき，$x=\mp cp(1+p^2)^{-1/2}$, $y=\pm c(1+p^2)^{1/2}\mp cp^2(1+p^2)^{-1/2}=\mp c(1+p^2)^{-1/2}$ となるから，この曲線は円 $x^2+y^2=c^2$.（$y-p(x\pm a)$ が異符号のときは，$pa=\pm c(1+p^2)^{1/2}$ となるから解は直線族のみ.）

注. 直線族は助変数表示された曲線の接続の作る族である．この曲線のように任意定数を含まない解を，一般解と区別して，**異常解**という.

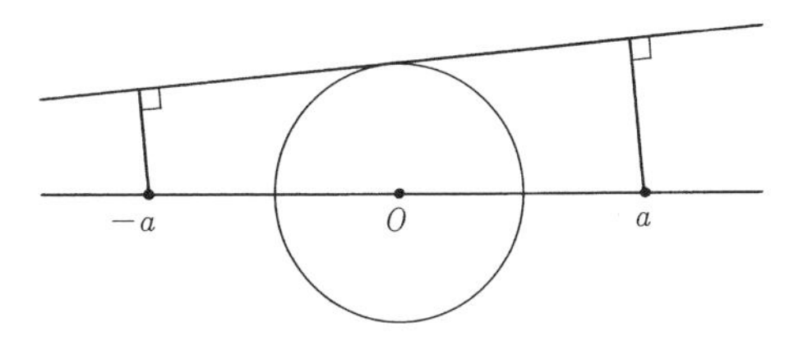


**図1**

**1.3** $dy=dx^{1-\alpha}=(1-\alpha)x^{-\alpha}dx=(1-\alpha)x^{-\alpha}(ax+bx^\alpha)dt=(1-\alpha)(ay+b)dt$. よって，$dy/dt=(1-\alpha)a(y+a^{-1}b)$ より，$y=-a^{-1}b+C\exp(1-\alpha)at$. つまり，$x=(-a^{-1}b+C\exp(1-\alpha)at)^{1/(1-\alpha)}$.

**1.4** (1) $d(x^2+y^2)/dt=0$ より，$x^2+y^2\equiv x(0)^2+y(0)^2=1$. また，$d(k^2x^2+z^2)/dt=0$ より，$k^2x^2+z^2\equiv 1$ となるから，$z^2=1-k^2x^2\geqq 1-k^2$. $z(0)=1>0$ で $z(t)$ は連続だから，$z\geqq\sqrt{1-k^2}>0$.

(2) $d/ds=z^{-1}d/dt$ より，明らか.

(3) $z\,dz/ds=-k^2\sin s\cos s$ より，$z^2=1-k^2\sin^2 s$. したがって，$t=\int_0^s ds/z=\int_0^s(1-k^2\sin^2 s)^{-1/2}ds$. $\operatorname{sn}t=\sin s(t)$ 等は $s$ について周期関数で，その周期の 1/4 は $\pi/2$ だから，$T/4=\int_0^{\pi/2}(1-k^2\sin^2 s)^{-1/2}ds$ を得る.

(4) $w'(s)=0$ を確かめると，$w(s)\equiv w(0)=x(t)$. ここで，$t$ を $t+s$ とおけば求める加法公式となる.

## 第2章

**2.1** (1) $u=te^{-t}+C_1e^{-t}+C_2e^{-2t}$.

(2) 特解は，$e^{-it}*e^{it}*(1+t^2)^{-1}=\int_0^t(1+s^2)^{-1}\sin(t-s)ds$. よって，一般解は，$u=C_1e^{it}+C_2e^{-it}+\int_0^t(1+s^2)^{-1}\sin(t-s)ds$.

(3) $\dfrac{d}{dt}\begin{pmatrix}x\\y\end{pmatrix}=\begin{pmatrix}0&1\\1&0\end{pmatrix}\begin{pmatrix}x\\y\end{pmatrix}+\begin{pmatrix}0\\\cosh t\end{pmatrix}$ と書け，

$$\exp t\begin{pmatrix}0&1\\1&0\end{pmatrix}=\begin{pmatrix}\cosh t&\sinh t\\\sinh t&\cosh t\end{pmatrix},$$

$$\int_0^t\begin{pmatrix}\cosh s&\sinh s\\\sinh s&\cosh s\end{pmatrix}\begin{pmatrix}0\\\cosh(t-s)\end{pmatrix}ds=\int_0^t\begin{pmatrix}\sinh s\cosh(t-s)\\\cosh s\sinh(t-s)\end{pmatrix}ds$$
$$=\frac{1}{2}\begin{pmatrix}t\cosh t-\sinh t\\t\sinh t\end{pmatrix}.$$

よって，$x=A\cosh t+(B-1/2)\sinh t+(t\cosh t)/2$, $y(t)=A\sinh t+B\cosh t+(t\sinh t)/2$.

(4) $d(2x+y)/dt=20\cos t+10\sin t$ より，$2x+y=3A+20\sin t-10\cos t$. よって，$dy/dt=-3y-3A-10\sin t+10\cos t$. これより，$y=-A-2\sin t+4\cos t+2Be^{-3t}$. よって，$x=2A+11\sin t-7\cos t-Be^{-3t}$.（もちろん(3)のように定数変化法で解いてもよい.）

**2.2** $d^2u/dt^2+\lambda u=0,\ u(0)=0$ の解.（イ）$\lambda<0$ のとき，$u(t)=C\sinh(|\lambda|^{1/2}t)$ となり，$u(L)=0$ とならない.（ロ）$\lambda\geqq 0$ のとき，$u(t)=C\sin(\lambda^{1/2}t)$ だから，$\lambda^{1/2}L=n\pi$ のとき，そのときに限って，$u(L)=0$ となる. よって，$u\not\equiv 0$ より，$\lambda=n^2\pi^2/L^2$ $(n=1,2,\cdots)$. 零点の状況は明らか.

(1) 同様に考えて，$\cos(\lambda^{1/2}L)=0$ より，$\lambda^{1/2}L=(n+1/2)\pi$（$n$ は整数）. よって，$\lambda=(n+1/2)^2\pi^2/L^2$ $(n=0,1,2,\cdots)$.

(2) $u(t)=C\cosh(|\lambda|^{1/2}t)$ または $C\cos(|\lambda|^{1/2}t)$ より，$\lambda\geqq 0$ の場合に限る. この

とき，$\sin(\lambda^{1/2}L)=0$ より，$\lambda=n^2\pi^2/L^2$ $(n=0,1,2,\cdots)$.

注．境界条件を $u(0)=0$, $u'(L)=\alpha u(L)$ に置き換えた場合は，$\lambda$ に対する条件は次式のようになり，グラフを描いてみれば $0<\lambda_1<\lambda_2<\cdots<\lambda_n\to\infty$ となることがわかる．

$$\lambda^{1/2}=\alpha\tan(\lambda^{1/2}L).$$

なお，$\lambda_n/n^2\to\pi^2/L^2$ が上のどの場合もいえる．

**2.3** $Q=\exp(-z^2+2zx)$ とおくと，$\partial Q/\partial x=2zQ$, $\partial^2Q/\partial x^2=4z^2Q$, $\partial Q/\partial z=2(x-z)Q$ より，$\partial^2Q/\partial x^2-2x\partial Q/\partial x=-4z(x-z)Q=-2z\partial Q/\partial Z$. したがって（$\sum$ と微分は交換可能だから）

$$\sum_{n=0}^{\infty}z^n(H_n''(x)-2xH_n')/n!=-2z\sum_{n=1}^{\infty}z^{n-1}H_n(x)/(n-1)!=-\sum_{n=1}^{\infty}z^n2nH_n(x)/n!.$$

よって，$H_n''-2xH_n'+2nH_n=0$. また，

$$Q=\sum_{k=0}^{\infty}(-z^2+2zx)^k/k!=\sum_{i=0}^{\infty}\sum_{j=0}^{\infty}(-z^2)^i(2zx)^j/i!\,j!=\sum_{n=0}^{\infty}z^n\sum_{2i+j=n}(-1)^i2^jx^j/i!\,j!$$

より，$H_n(x)$ は $n$ 次多項式であることがわかる．（$x^n$ の係数は，$j=n$ のときで，$2^n$.）

**2.4** $(dr/dx)\cos\theta-r(d\theta/dx)\sin\theta=(d/dx)(P\,du/dx)=-Qu=-Qr\sin\theta$, $r\cos\theta=P\,du/dx=P(dr/dx)\sin\theta+Pr(d\theta/dx)\cos\theta$ より，

$$\frac{d\theta}{dx}=Q\sin^2\theta+P^{-1}\cos^2\theta,\quad \frac{dr}{dx}=(P^{-1}-Q)r\sin2\theta.$$

さて，$xu''-u'+x^3u=x^2\{(x^{-1}u')'+xu\}=0$ より，$P=x^{-1}$, $Q=x$. よって，$P^{-1}=Q$ より，$dr/dx=0$ となり，$r\equiv r_0$. すると，$d\theta/dx=Q=x$ より，$\theta=x^2/2+\theta_0$. ゆえに，$u=r_0\sin(x^2/2+\theta_0)$.（初期値を考慮すれば，$u(x)=u(x_0)\times\sin(x^2/2+C)/\sin(x_0^2/2+C)$ $(C=\arctan(u(x_0)/u'(x_0))-x_0^2/2)$.

**2.5** (a)を仮定すると，帰納法により，すべての非負整数 $n,m$ に対して，$A^nB^m=B^mA^n$ がわかる．よって，

$$\begin{aligned}\exp tA\exp sB&=\sum_{n=0}^{\infty}\sum_{m=0}^{\infty}t^ns^mA^nB^m/n!\,m!=\sum_{n=0}^{\infty}\sum_{m=0}^{\infty}t^ns^mB^mA^n/n!\,m!\\&=\exp sB\exp tB,\end{aligned}$$

すなわち，(b). 逆に，(b)を仮定すれば，$t,s$ でそれぞれ 1 回ずつ微分して，$t=s=0$ とおくと，$AB=BA$ を得る．また，(a)を仮定すれば，$(A+B)^n/n!=$

$\sum_{m=0}^{n} A^{n-m}B^m/(n-m)!\,m! = \sum_{m=0}^{n} B^m A^{n-m}/(n-m)!\,m!$ が帰納法でいえるから，

$$\exp t(A+B) = \exp tA \exp tB = \exp tB \exp tA\,.$$

逆に，(c)を仮定すると，

$$\begin{aligned}(A+B)^2 \exp t(A+B) &= (d/dt)^2 \exp t(A+B) = (d/dt)^2(\exp tA \exp tB)\\ &= A^2 \exp tA \exp tB + 2A \exp tA\cdot B \exp tB + \exp tA\cdot B^2 \exp tB\,.\end{aligned}$$

$t=0$ とおくと，$(A+B)^2 = A^2+2AB+B^2$. よって，$BA=AB$.

**2.6** 素解が $\Phi(t)=\alpha(t)\exp\beta(t)J$ と書けると仮定して，$\alpha,\beta$ を求めればよい．このとき，

$$\frac{d\Phi}{dt} = \alpha'(t)\exp\beta(t)J + \alpha(t)\beta'(t)J\exp\beta(t)J = ((\alpha'/\alpha)E+\beta' J)\Phi\,.$$

したがって，$\alpha'=a\alpha$, $\beta'=b$ を解いて，$\alpha(t)=\exp\int_{t_0}^{t} a(s)ds$, $\beta(t)=\int_{t_0}^{t} b(s)ds$. とくに，$a(t)=\sin t$, $b(t)=1-\cos t$, $J=\begin{pmatrix} 0 & 1 \\ -1 & 0 \end{pmatrix}$ のとき，

$$\exp tJ = \begin{pmatrix} \cos t & \sin t \\ -\sin t & \cos t \end{pmatrix},$$

$$\alpha(t) = \exp(\cos t_0 - \cos t), \quad \beta(t) = t - t_0 - (\sin t - \sin t_0)$$

だから，素解は，

$$\Phi = \alpha(t)\begin{pmatrix} \cos\beta(t) & \sin\beta(t) \\ -\sin\beta(t) & \cos\beta(t) \end{pmatrix}.$$

## 第3章

**3.1** 変換 $y=T_t x$ のヤコビ行列式を $J_t(x)$ とすると，体積が確定する領域 $V$ に対して，

$$\int_{T_t V} \rho(y)dy = \int_V \rho(T_t x)J_t(x)dx.$$

よって，重みつき体積が保存されるならば，$\rho(T_t x)J_t(x) \equiv \rho(x)$. $t$ で微分して，$t=0$ とおくと，$\mathcal{A}\rho(x)+\rho(x)\,\mathrm{div}\,a(x)=0$. ここで，$\mathcal{A}\rho(x)=\sum a_i(x)\partial\rho/\partial x_i$, $\rho\,\mathrm{div}\,a(x)=\sum\rho(x)\partial_i a_i(x)$ より，$\mathcal{A}\rho(x)+\rho(x)\,\mathrm{div}\,a(x)=\mathrm{div}(\rho a)$ を得る．

**3.2** (1) まず，

$$\frac{d}{dt}\sum_i p_i = \sum_i\sum_j p_j a_{ji} - \sum_i p_i a_i = \sum_j p_j a_j - \sum p_i a_i = 0$$

より，$\sum_i p_i(t) \equiv \sum_i p_i(0)$. 次に，$x_i(t)=p_i(t)\exp ta_i$ についての方程式に書き直し

てみると，

$$\frac{dx_i}{dt}=\sum_{j\neq i}x_jA_{ji}(t),\quad A_{ji}(t)=a_{ji}\exp t(a_j-a_i)\quad (i\neq j).$$

もし，$x_i(0)=p_i(0)>0$ $(1\leqq i\leqq n)$ であって，$t=t_0>0$ で $x_k(t_0)=0$ となる $k$ が初めて現れたとすると，$dx_k/dt(t_0)\leqq 0$. 一方，

$$\sum_{j\neq k}x_j(t_0)A_{ji}(t_0)=\sum_{j\neq k}p_j(t_0)a_{jk}\geqq\sum_j p_j(t_0)\min a_{jk}>0\,.$$

これは矛盾．ゆえに，つねに $x_i(t)>0$，つまり，$p_i(t)>0$ $(1\leqq i\leqq n,\ t\geqq 0)$.

（2）まず，$\log x\leqq x-1$ $(x>0)$ より，不等式

$$h(p)=-\sum p_i\log(\pi_i/p_i)\geqq-\sum p_i(\pi_i/p_i-1)=0=h(\pi)$$

が成り立つことに注意しておく．さて，

$$(d/dt)h(p)=\sum_i\{1+\log(p_i/\pi_i)\}dp_i/dt=\sum_i(\log(p_i/\pi_i))dp_i/dt$$
$$=\sum_i\log(p_i/\pi_i)\left(\sum_j p_ja_{ji}-p_ia_i\right).$$

簡単のため，$q_i=p_i/\pi_i$ とおくと，

$$\sum_j p_ja_{ji}=\sum_j q_j\pi_ja_{ji},\quad p_ia_i=q_i\pi_ia_i=q_i\sum_j\pi_ia_{ij}=q_i\sum_j\pi_ja_{ji}$$

となるから，$\sum_j p_ja_{ji}-p_ia_i=\sum_j(q_j-q_i)\pi_ja_{ji}$. よって，再び $\pi_ia_{ij}=\pi_ja_{ji}$ に注意すれば，

$$\frac{dh}{dt}=\sum_i\sum_j(\log q_i)(q_j-q_i)\pi_ja_{ji}=\frac{1}{2}\sum_i\sum_j(\log q_i-\log q_j)(q_j-q_i)\pi_ja_{ji}.$$

ところで，$x,y>0$, $x\neq y$ のとき，$(x-y)(\log y-\log x)<0$ だから $q_1=\cdots=q_n$ でない限り，$dh/dt<0$. また，$q_1=\cdots=q_n$，つまり，$p=\pi$ のとき，$h(\pi)=0$. ゆえに，任意の解 $p(t)$ は $t\to\infty$ のとき，$h$ の唯一の最小点 $\pi$ に収束する．（この証明は，ドブルーシン（R. L. Dobrushin，1929–95）による対称マルコフ連鎖における定常分布 $\pi$ への収束の証明である．）

**3.3** （1） $(d/dt)L^2=(dL/dt)L+L(dL/dt)=(BL-LB)L+L(BL-LB)=BL^2-L^2B=[B,L^2]$，帰納的に，$(d/dt)L^m=[B,L^m]$. ところで一般に $\mathrm{tr}(AB)=\mathrm{tr}(BA)$ より $\mathrm{tr}([B,A])=0$. よって，$(d/dt)\,\mathrm{tr}(L^m)=0$. つまり，$\mathrm{tr}(L^m)$ は $t$ によらない．

(2) このとき，$[B,L]=BL-LB$ の第 $(i,i)$ 成分は，

$$\sum_j(b_{ij}l_{ji}-l_{ij}b_{ji}) = \sum_{j\neq i}(b_{ij}l_{ji}-l_{ij}b_{ji})$$
$$= \sum_{j\neq i}\{(q_i-q_j)^{-2}/(q_j-q_i)^{-1}+(q_j-q_i)^{-1}(q_j-q_i)^{-2}\}/2$$
$$= -\sum_{j\neq i}(q_i-q_j)^{-3} = \frac{dp_i}{dt} = \frac{dl_{ii}}{dt}.$$

また，$i\neq k$ のとき第 $(i,k)$ 成分は，

$$\sum_j(b_{ij}l_{jk}-l_{ij}b_{jk})$$
$$= b_{ii}l_{ik}-l_{ii}b_{ik}+b_{ik}l_{kk}-l_{ik}b_{kk}+\sum_{j\neq i,k}(b_{ij}l_{jk}-l_{ij}b_{jk})$$
$$= (b_{ii}-b_{kk})l_{ik}-b_{ik}(l_{ii}-l_{kk})+\sum_{j\neq i,k}\{(q_i-q_j)^{-2}(q_j-q_k)^{-1}-(q_i-q_j)^{-1}(q_j-q_k)^{-2}\}/2$$
$$= (b_{ii}-b_{kk})(q_i-q_k)^{-1}-b_{ik}(p_i-p_k)+\sum_{j\neq i,k}\{(q_i-q_j)^{-2}-(q_j-q_k)^{-2}\}/2(q_i-q_k)$$
$$= (b_{ii}-b_{kk})/(q_i-q_k)-b_{ik}(p_i-p_k)+\left\{\sum_{j\neq i}(q_i-q_j)^{-2}-\sum_{j\neq k}(q_k-q_j)^{-2}\right\}\Big/2(q_i-q_k)$$
$$= -b_{ik}(p_i-p_k) = -(q_i-q_k)^{-2}(p_i-p_k) = \frac{d}{dt}\{(q_i-q_k)^{-1}\} = \frac{dl_{ik}}{dt}.$$

ゆえに，$[B,L]=dL/dt$ が成り立つ．

**3.4** (1) $P(e^tx,e^{-t}y)d(e^tx)+Q(e^tx,e^{-t}y)d(e^{-t}y)=P\,dx+Q\,dy$ より明らか．

(2) (1)の結果を $t$ で微分して，$t=0$ とおけばよい．

(3) $\mu$ が $P\,dx+Q\,dy$ の積分因子であるためには(ここでは局所的に考えている)，$\partial(\mu P)/\partial y=\partial(\mu Q)/\partial x$ が成り立てばよい．ところで，$\mu=(xP-yQ)^{-1}$ のとき

$$\frac{\partial}{\partial y}(\mu P) = \mu^2\left\{\frac{\partial P}{\partial y}(xP-yQ)-P\left(-Q+x\frac{\partial P}{\partial y}-y\frac{\partial Q}{\partial y}\right)\right\}$$
$$= \mu^2\left\{PQ-yQ\frac{\partial P}{\partial y}+yP\frac{\partial Q}{\partial y}\right\},$$
$$\frac{\partial}{\partial x}(\mu Q) = \mu^2\left\{\frac{\partial Q}{\partial x}(xP-yQ)-Q\left(P+x\frac{\partial P}{\partial x}-y\frac{\partial Q}{\partial x}\right)\right\}$$
$$= \mu^2\left\{-PQ+xP\frac{\partial Q}{\partial x}-xQ\frac{\partial P}{\partial x}\right\}.$$

よって，(2)の結果から，

$$\frac{\partial}{\partial y}(\mu P) - \frac{\partial}{\partial x}(\mu Q)$$
$$= \mu^2\left\{2PQ - yQ\frac{\partial P}{\partial y} + yP\frac{\partial Q}{\partial y} - xP\frac{\partial Q}{\partial x} + xQ\frac{\partial P}{\partial x}\right\}$$
$$= \mu^2\left\{P\left(Q - x\frac{\partial Q}{\partial x} + y\frac{\partial Q}{\partial y}\right) + Q\left(P - y\frac{\partial P}{\partial y} + x\frac{\partial P}{\partial x}\right)\right\} = 0.$$

(4) (a) $y=u/x$ と変数変換すると，$y'=u'/x-u/x^2$ より，$xu'=2u+2$. よって，$u+1=Cx^2$，ゆえに，$y=Cx-x^{-1}$.（注．この場合，$P=xy+2$, $Q=-x^2$ だから，$\mu=1/(xP-yQ)=1/(x^2y+2x+x^2y)=(2x(1+xy))^{-1}$. このときに，$\mu P=(xy+2)(2x(1+xy))^{-1}=x^{-1}-y(1+xy)^{-1}/2$, $\mu Q=-x^2(2x(1+xy))^{-1}=-x(1+xy)^{-1}/2$ より，$F(x,y)=-(1/2)\log(1+xy)+\log x$ とおくと，$dF=\mu P\,dx+\mu Q\,dy$ となる．上の解に対して，$F(x,Cx-x^{-1})=-(1/2)\log(Cx^2)+\log x=-(1/2)\log C$ であり，任意定数となっている.）

(b) 同じく，$y=u/x$ と変換すると，$y'=u'x^{-1}-ux^{-2}$, $y''=u''x^{-1}-2u'x^{-2}+2ux^{-3}$ より，$(u''x-2u'+2ux^{-1})+3(u'-ux^{-1})=x^{-1}u^{-3}$，つまり，$x^2u''+xu'+u=u^{-3}$. ここで，$x=e^s$ とおくと，$d^2u/ds^2+u=u^{-3}$. さらに，$v=du/ds$ とすると，

$$\frac{d^2u}{ds^2} = \frac{dv}{ds} = \frac{du}{ds}\frac{dv}{du} = v\frac{dv}{du}$$

より，$v\,dv/du+u=u^{-3}$. よって，$d(v^2)/du=2(u^{-3}-u)=(d/du)(-u^{-2}-u^2)$，つまり，$v^2=C-u^2-u^{-2}$. すると，

$$s = \pm\int(C-u^2-u^{-2})^{1/2}du = \pm\int(Cu^2-u^4-1)^{-1/2}u\,du\,.$$

これを解いて，$u(s)=\pm(\cosh B+\sinh B\sin(2s+A))^{1/2}$. ゆえに，

$$y = \pm x^{-1}\{\cosh B + \sinh B\sin(2\log x + C)\}^{1/2}\,.$$

（注．(b)の方程式も，変換 $(x,y)\mapsto(e^tx,e^{-t}y)$ で不変である.）

一般に，$\omega=P\,dx+Q\,dy$ が流れ $T_t$ のもとで不変なとき，$T_t$ を定める微分方程式を $dx/dt=a$, $dy/dt=b$ とすれば，全微分方程式 $\omega=0$ は積分因子 $\mu=1/(aP+bQ)$ をもつ．このとき(2)に相当するのは，次の条件であり，これは $\omega=0$ の積分曲線(つまり，$dx/ds=Q$, $dy/ds=-P$ の解曲線)が $T_t$ で(別の)積分曲線に写されることを表す.

$[\mathcal{A},\mathcal{P}]=\lambda\mathcal{P}$ となる関数 $\lambda$ が存在する.

ただし，$\mathcal{A}=a\,\partial/\partial x+b\,\partial/\partial y$, $\mathcal{P}=Q\,\partial/\partial x-P\,\partial/\partial y$.

## 第4章

**4.1**　不等式 $\|XY\| \leqq \|X\|\|Y\|$ より，$\|A^{n+m}\| \leqq \|A^n\|\|A^m\|$．したがって，$a_n = \log\|A^n\|$ とおけば，$a_{n+m} \leqq a_n + a_m$．これより，$a_{mp+r} \leqq ma_p + a_r$ ($p \geqq 1$, $m \geqq 1$, $r \geqq 0$)．自然数 $p$ を固定して，$M = \max_{0 \leqq r < p} a_r$ とおくと，$a_n \leqq [n/p]a_p + M$ ($[x]$ は $x$ の整数部分)．よって，$\alpha = \limsup_{n\to\infty} a_n/n \leqq \limsup_{n\to\infty}([n/p]/n)a_p = a_p/p$．$p \geqq 1$ は任意だから，$\alpha \leqq \inf_{p\geqq 1}(a_p/p) \leqq \liminf_{n\to\infty} a_n/n$．ゆえに，$\lim_{n\to\infty} a_n/n$ は存在して，$\inf_{p\geqq 1}(a_p/p)$．すなわち，$r(A) = \lim_{n\to\infty}\|A^n\|^{1/n}$ が存在して，$\inf_{n\geqq 1}\|A^n\|^{1/n}$ に等しい．

さらに，$\alpha$ が行列 $A$ の固有値ならば，固有ベクトル $u$ をとれば，$Au = \alpha u$．一般に，$A^n u = \alpha^n u$．よって，$|\alpha|^n\|u\| = \|A^n u\| \leqq \|A^n\|\|u\|$．これより，$|\alpha| \leqq r(A)$．逆向きの不等式はジョルダン標準形を用いれば明らか．(直接の証明も可能だが，ここでは省略する．)

**4.2**　不動点は $y - ax = 0$, $x^3 - x = 0$ より $(x, y) = (0, 0)$, $(\pm 1, \pm a)$ の 3 点で，点 $(0, 0)$ での線形化方程式は，$dx/dt = y - ax$，$dy/dt = -x$，点 $(\pm 1, \pm a)$ では $dx/dt = y - ax$, $dy/dt = 2x$ であり，それぞれの係数行列は，

$$\begin{pmatrix} -a & 1 \\ -1 & 0 \end{pmatrix}, \quad \begin{pmatrix} -a & 1 \\ 2 & 0 \end{pmatrix}.$$

固有値はそれぞれ，$\lambda = (-a \pm (a^2+4)^{1/2})/2$, $\lambda = (-a \pm (a^2-8)^{1/2})/2$ である．よって，点 $(0, 0)$ はつねに鞍点，点 $(\pm 1, \pm a)$ は，$a < 0$ のとき源点，$a > 0$ のとき沈点である($0 > a > -2^{3/2}$ ならば不安定な渦状点，$0 < a < 2^{3/2}$ ならば安定な渦状点)．

$a = 0$ の場合，この方程式は，ハミルトン関数 $H(x, y) = (x^2 + y^2)/2 - x^4/4$ のハミルトン方程式である．2 つの不動点 $(\pm 1, 0)$ は，$H$ の最大値 $1/4$ に対応し，$(0, 0)$ は曲線 $H = 0$ 上にある．この曲線は(例えば，極座標で見れば，$r^2\cos 4\theta = 2$ となることからわかるように)原点で自己交差する 8 の字形で，それぞれの輪の中に，2 点 $(\pm 1, 0)$ がある．また，曲線族 $H = c$ $(0 < c < 1/4)$ は，それぞれ 2 つの閉曲線からなり，2 つの輪の中を埋め尽くす．したがって，$(0, 0)$ は双曲型不動点(鞍点)で，$(\pm 1, 0)$ は楕円型不動点(渦心点)である．

なお，この系では，ベクトル場の発散は $d(y - ax)/dx + d(x^3 - x)/dy = -a$ だから，ベンディクソンの判定条件(演習問題 4.3(1))より，$a \neq 0$ のとき，極限周期軌道は存在しない．

**4.3**　(1) 単連結な領域 $D$ 内にもし極限周期軌道があれば，その内部 $V$ は $T_t$ で不変で，$T_t(V) = V$ となる．一方，

$$\frac{d}{dt}\iint_{T_t(V)} dxdy = \iint_{T_tV} \operatorname{div} a\, dxdy < 0.$$

これは矛盾である．よって，$D$ 内に極限周期軌道は存在しない．

(2) $A$ 内に不動点がないから，少なくとも 1 つの極限周期軌道がある．もし 2 つあれば，その間の領域を $V$ とすると，$T_t(V)=V$．これは上と同様 $\operatorname{div} a<0$ に反する．

## 第5章

**5.1** オイラー方程式は，$u''(x)+u(x)=0$ となるから，$u(0)=0$ をみたす解は，$u(x)=C\sin x$．これが $u(L)=0$ をみたすならば，$C=0$ または，$\sin L=0$ より $L=n\pi$ ($n$ は自然数)．$u\equiv 0$ は明らかに臨界点で，臨界値は $J(u)=0$．また，$L=n\pi$ のとき，$u(x)=C\sin x$ も臨界点となり，臨界値は，

$$J(u)=\int_0^{n\pi} C^2(\cos^2 x-\sin^2 x)dx = C^2\int_0^{n\pi}\cos 2x\, dx = 0$$

より，やはり 0 である．

**5.2** まず，$m=1$ の場合に証明しよう．$f(x)\equiv C$ ($C$ は定数)となるのならば，$C=(b-a)^{-1}\int_a^b f(x)dx$ のはずだから，$g(x)=(f(x)-C)^2$ を考える．ここで，$\varphi(x)=\int_a^x (f(y)-C)dy$ とおくと，$\varphi(a)=0$．また，

$$\varphi(b)=\int_a^b f(y)dy - C(b-a) = 0\,.$$

そして，$\varphi'(x)=f(x)-C$．したがって，

$$\int_a^b g(x)dx = \int_a^b f(x)(f(x)-C)dx - C\int_a^b (f(x)-C)dx = \int_a^b f(x)\varphi'(x)dx = 0\,.$$

ゆえに，$g(x)\equiv 0$．つまり，$f(x)\equiv C$．

以下，$m\geqq 2$ の場合は簡単のため，$a=-1,\ b=1$ とする．$m=2$ のとき，$g(x)=f(x)-C_1-C_2x$ を，

$$C_1=\frac{1}{2}\int_{-1}^1 f(x)dx,\quad C_2=\frac{3}{2}\int_{-1}^1 xf(x)dx$$

で定めると，$\int_{-1}^1 g(x)dx=\int_{-1}^1 xg(x)dx=0$．また，$\varphi(x)=\int_{-1}^x\int_{-1}^y g(z)dzdy$ とすると明らかに，$\varphi(-1)=0,\ \varphi'(-1)=0,\ \varphi'(1)=0$．また，$\varphi(x)=\int_{-1}^x (x-z)g(z)dz$ だから，

$$\varphi(1) = \int_{-1}^{1}(1-y)\{f(y)-C_1-C_2y\}dy$$
$$= (2C_2/3+2C_1)-C_1\int_{-1}^{1}(1-y)dy - C_2\int_{-1}^{1}(1-y)y\,dy = 0\,.$$

よって，

$$\int_{-1}^{1}g(x)^2dx = \int_{-1}^{1}f(x)g(x)dx - \int_{-1}^{1}(C_1+C_2x)g(x)dx = \int_{-1}^{1}f(x)\varphi'(x)dx = 0\,.$$

ゆえに，$f(x)=C_1+C_2x$.

一般に，$n$ 次多項式 $p_0(x)\equiv 1$，$p_1(x)=x$，$p_2(x)=x^2-1/3$，… を，帰納的に，$\int_{-1}^{1}p_k(x)p_l(x)dx=0$ $(k\neq l)$ が成り立つように選べる．そこで，$g(x)=f(x)-\sum_{k=0}^{m-1}C_kp_k(x)$ を，$C_k=\int_{-1}^{1}p_k(x)f(x)dx\Big/\int_{-1}^{1}p_k(x)^2dx$ で定めると，$\int_{-1}^{1}p_k(x)g(x)dx=0$ $(0\leqq k\leqq m-1)$.

$$\varphi(x) = \int_{-1}^{x}\int_{-1}^{x_1}\cdots\int_{-1}^{x_{m-1}}g(x_m)dx_mdx_{m-1}\cdots dx_1 = \int_{-1}^{1}(y+1)^{m-1}g(y)dy\Big/(m-1)!$$

とおくと明らかに，$\varphi(-1)=\varphi'(-1)=\cdots=\varphi^{(m-1)}(-1)=0$. また，$\int_{-1}^{1}p_k(x)g(x)dx=0$ $(0\leqq k\leqq m-1)$ より，$\varphi^{(k)}(1)=0$ $(0\leqq k\leqq m-1)$. そして，

$$\int_{-1}^{1}g(x)^2dx = \int_{-1}^{1}f(x)g(x)dx = \int_{-1}^{1}f(x)\varphi^{(m)}(x)dx = 0\,.$$

ゆえに，$f(x)=\sum_{k=0}^{m-1}C_kp_k(x)$ は $m-1$ 次多項式である．

**5.3** $w=g(z)$，$z=x+\sqrt{-1}\,y$，$w=u+\sqrt{-1}\,v$ のとき，（初等幾何により）$y>0$ と不等式 $|z-i|<|z+i|$ は同値，つまり，$z\in H$ と $w=g(z)\in B$ は同値である．また，

$$dw = g'(z)dz, \quad g'(z) = 2\sqrt{-1}\,(z+\sqrt{-1}\,)^{-2},$$
$$1-|w|^2 = 1-|z-\sqrt{-1}\,|^2|z+\sqrt{-1}\,|^{-2}$$
$$= \{(z+\sqrt{-1}\,)(\bar{z}-\sqrt{-1}\,)-(z-\sqrt{-1}\,)(\bar{z}+\sqrt{-1}\,)\}|z+\sqrt{-1}\,|^{-2}$$
$$= 4y|z+\sqrt{-1}\,|^{-2}$$

より，

$$(du^2+dv^2)(1-u^2-v^2)^{-2} = |dw|^2(1-|w|^2)^{-2}$$
$$= 4|z+\sqrt{-1}\,|^{-4}|dz|^2/(4y|z+\sqrt{-1}\,|^{-2})^2 = |dz|^2(4y^2)^{-2} = (dx^2+dy^2)(4y^2)^{-1}\,.$$

よって，$B$ での測地線は $H$ での測地線を $w=g(z)$ で写したものとなる．$x$ 軸上の点(および $\infty$)は $g$ により単位円周に写され，$g(z)$ は共形(等角)写像だから，$x$ 軸と直交する円(または直線)は，$B$ 内の単位円周と両端で直交する円弧に写される．よって，これらが $B$ での測地線である．

**5.4** (1) $z\,dz/dt=d(x_1+ix_2)/dt=v_1+iv_2=w\bar{z}^{-1}$ より，$dz/dt=|z|^{-2}w$．また，

$$\begin{aligned}\frac{dw}{dt}&=(d\bar{z}/dt)(v_1+iv_2)+\bar{z}d(v_1+iv_2)/dt=|z|^{-2}\bar{w}\cdot w\bar{z}^{-1}-\bar{z}|x|^{-3}z^2/2\\&=|z|^{-4}|w|^2z-|z||x|^{-3}z/2\,.\end{aligned}$$

ところで，$x_3$ 軸を $A=x\times v$ 方向に選んだから，$dx_3/dt=v_3=0$．よって，$x_3(0)=0$ より $x_3\equiv 0$．したがって，

$$\begin{aligned}|x|&=|z|^2/2,\\E&=|v|^2/2-|x|^{-1}=(v_1^2+v_2^2)/2-(x_1^2+x_2^2)^{-1/2}\\&=|\bar{z}^{-1}w|^2/2-|z^2/2|^{-1}=|z|^{-2}|w|^2/2-2|z|^{-2}\,.\end{aligned}$$

また，

$$|z|^{-4}|w|^2-|z||x|^{-3}/2=|z|^{-4}|w|^2-|z|4|z|^{-6}=2|z|^{-2}E\,.$$

ゆえに，$dw/dt=2E|z|^{-2}z$．

(2) $ds=|z|^{-2}dt$ より，明らかに，$dz/ds=w$，$dw/ds=2Ez$．

(3) この方程式を解こう．$E>0$ のときは，

$$z=z_0\cosh(\sqrt{2E}\,s)+(w_0/\sqrt{2E}\,)\sinh(\sqrt{2E}\,s)$$

より，解 $x(t)$ は双曲線．また，$E<0$ のときは，

$$z=z_0\cos(\sqrt{-2E}\,s)+(w_0/\sqrt{-2E}\,)\sin(\sqrt{-2E}\,s)$$

より，解 $x(t)$ は楕円．そして，$E=0$ のときは，$z=z_0+w_0t$ より，解 $x(t)$ は放物線となる．

**5.5** (1) 重力定数を $g$ とすると，$2g(a-x)=(ds/dt)^2$．これより，($2g=1$ として) $dt=(a-x)^{-1/2}ds$.

(2) $\int_0^x(x-a)^{n-1}da\int_0^a(a-z)^{-n}dz=(1-n)^{-1}\int_0^x(x-a)^{n-1}a^{1-n}da=(1-n)^{-1}x\times\int_0^1(1-t)^{n-1}t^{1-n}dt=xB(n,1-n)=\pi x/\sin n\pi<\infty$. よって，$|f'(z)|$ は有界だから，この積分は確定し，フビニの定理が使えて，

$$\int_0^x(x-a)^{n-1}da\int_0^a(a-z)^{-n}f'(z)dz=\int_0^x f'(z)dz\int_z^x(x-a)^{n-1}(a-z)^{-n}da$$

$$= \int_0^x f'(z)dz \int_0^1 (1-t)^{n-1}t^{-n}dt = B(n, 1-n)f(x)\,.$$

(3) $\displaystyle\int_0^x (x-a)^{n-1}\varphi(a)da = \int_0^x (x-a)^{n-1}da \int_0^a (a-x)^{-n}ds = s(x)B(n, 1-n)\,.$

(4) とくに $n=1/2$ とすると，$B(1/2, 1/2)=\pi$ より，式(6)は明らか．さらに，$\varphi(a)\equiv\alpha$ ならば，$s=\pi^{-1}\displaystyle\int_0^x \alpha(x-a)^{-1/2}dx = 2\alpha x^{1/2}/\pi$．このとき，曲線を $y=y(x)$ とすれば，$s=\displaystyle\int_0^x (y'^2+1)^{1/2}dx$ より，$y'^2+1=\alpha^2\pi^{-2}x^{-1}$．したがって，$y'^2$ は $x$ の 1 次分数関数になり，(例題 1.12 より)これを解けば，サイクロイドとなる．

## 第6章

**6.1** (1) ラグランジュ方程式は $d^2q/dt^2-q=0$．よって，$q(0)=x$，$q(T)=y$ をみたす解は，

$$q(t) = (x\sinh(T-t)+y\sinh t)/\sinh T\,.$$

このとき，

$$dq/dt = (-x\cosh(T-t)+y\cosh t)/\sinh T,$$

$$(dq/dt)^2+q^2 = (x^2\cosh 2(T-t)+y^2\cosh 2T-2xy\cosh(T-2t))/\sinh^2 T\,.$$

これより，

$$S(T, x, y) = ((x^2+y^2)\cosh T-2xy)/(2\sinh T)$$

を得る．

(2) まず，

$$\partial S/\partial x = (x\cosh t-y)/\sinh t,$$

$$\partial^2 S/\partial x\partial y = -1/\sinh t,$$

$$\partial^2 S/\partial x^2 = \cosh t/\sinh t$$

に注意して，ハミルトン–ヤコビ方程式を用いると

$$\sqrt{\sinh t}\,\frac{\partial}{\partial t}\left(\frac{1}{\sqrt{\sinh t}}e^{-S}\right) = \left(-\frac{\cosh t}{2\sinh t}-\frac{\partial S}{\partial t}\right)e^{-S}$$

$$= \frac{1}{2}\left(-\frac{\partial^2 S}{\partial x^2}+\left(\frac{\partial S}{\partial x}\right)^2-x^2\right)e^{-S} = \frac{1}{2}\left(\frac{\partial^2}{\partial x^2}e^{-S}-x^2e^{-S}\right).$$

ゆえに，問題の方程式をみたす．

# 索　引

## タ 行



## ナ 行



## ハ 行

## マ　行



## ヤ　行



## ラ　行

高橋陽一郎
1946年生まれ
1969年東京大学理学部数学科卒業
東京大学・京都大学名誉教授
専攻　確率解析・力学系
2019年没

現代数学への入門 新装版
力学と微分方程式

2004年2月5日　第1刷発行
2014年1月15日　第7刷発行
2024年1月25日　新装版第1刷発行

著　者　高橋陽一郎（たかはしよういちろう）

発行者　坂本政謙

発行所　株式会社 岩波書店
〒101-8002 東京都千代田区一ツ橋2-5-5
電話案内 03-5210-4000
https://www.iwanami.co.jp/

印刷製本・法令印刷


ISBN978-4-00-029927-5　　Printed in Japan